Parson und Jack Russell
Terrier

AUTORIN: KARIN WEGNER | FOTOGRAF: DR. JOHNNY BEYKENS

Inhalt

Ein Herz für Terrier

Stets fröhlich, gut gelaunt und immer zu Unfug bereit – so lässt sich der Charakter der Russells kurz beschreiben. Ihr erfrischendes Wesen und ihre Anmut werden Sie bezaubern. Haben Sie die mutigen kleinen Draufgänger erst einmal erlebt, werden Sie sich ihnen nicht mehr entziehen können und sie ins Herz schließen.

Viel Power in hübscher Verpackung

Als Vertreter einer erfolgreichen Jagdhundrasse liegen ihnen Mut, Ausdauer und Arbeitseifer im Blut. Da ist es verständlich, dass ihr Temperament manchmal mit ihnen durchgeht. Aber auch seine hingebungsvolle Zuneigung zu seinem Besitzer zeichnet den Russell Terrier aus.
Der robuste, widerstandsfähige und ausdauernde Charakter macht ihn vor allem für aktive Menschen zu einem idealen Begleiter. Seiner ebenso fröhlichen wie freundlichen Art und seinem Charme können Sie sich kaum entziehen.

Ein Hund für alle Fälle

Ob Jagdhelfer oder Reitbegleiter, Filmstar oder Werbemodel – es gibt wenige Aufgaben, für die ein Russell nicht geeignet wäre. Er arbeitet als Rettungshund und wird im Hundesport erfolgreich geführt. Man sollte diesen drahtigen kleinen Kerl aber auf gar keinen Fall unterschätzen: Er ist kein Schoßhund, kein Kinderspielzeug, keine Schlaftablette und schon gar kein duldsames Stofftier. Ganz im Gegenteil: Er ist intelligent und lernt schnell. Sein Halter sollte ihm daher sanft und geduldig, aber mit Konsequenz und viel Einfühlungsvermögen gutes Benehmen beibringen. Seine Kinderliebe und sein unbeschwertes Wesen machen ihn zum idealen Familienhund. Bei ausreichender Bewegung und Beschäftigung fühlt er sich auch in einer Wohnung ohne Garten wohl. Ich selbst halte seit 30 Jahren Hunde und züchte seit 1992 Parson Russell Terrier. Oft werde ich gefragt, was mich zu einem begeisterten Fan dieser liebenswerten Vierbeiner gemacht hat. Um es kurz zu machen: Sie nehmen nichts so schnell übel, haben immer gute Laune und bringen Sonne in den Alltag – sie sind einfach Spitze.

Die Entstehung der beiden Rassen

Der Anfang der Russell Terrier liegt in Dartmouth in der englischen Grafschaft Devon. Dort wurde 1795 der Pfarrer (auf Englisch Parson) John Russell geboren, sein Spitzname war Jack. Schon während seiner Studienzeit in Oxford begann er mit der Terrierzucht. Die erste Hündin des Pfarrers hieß Trump und hatte eine weiße Grundfarbe mit wenigen farbigen Flecken. Ihr Fell war anliegend und die Beine pfeilgerade. Mit diesen Merkmalen entsprach sie schon damals im Wesentlichen dem heutigen Rassestandard. Um diesen Terriertyp für die Jagd zu vervollkommnen, erwarb der Gottesmann bunt gefleckte Arbeitsterrier und züchtete einen Jagdhund nach seinen Ansprüchen. Als Pfarrer und als Jäger hoch angesehen hatte er schnell den Spitznamen »Hunting Parson« (jagender Pfarrer).

Die Übungsangel und ein daran befestigter Lockgegenstand üben auf den Hund einen großen Reiz aus. Er möchte jagen, packen und zugreifen.

Ideal für die Jagd

Im England der damaligen Zeit waren Parforcejagden ein gesellschaftliches Ereignis, bei dem man mit Hundemeuten Füchse jagte. Mit dabei war immer auch ein Terrier. Er hatte die Aufgabe, den Fuchs unversehrt aus seinem Bau zu treiben. Die damals in England verbreiteten bissigen Bulldoggen-Terrier-Kreuzungen waren hierzu nicht geeignet, da sie den Fuchs oft schwer verletzten und so die Jagd beendeten.

Mit seiner Zucht, die er 37 Jahre intensiv betrieb, erlangte John Russell schnell einen guten Ruf unter Jägern. Jeder wollte ein Tier aus der Zucht von John Russell in seiner Meute haben. Auch nach seinem Tod wurden die Terrier des Pfarrers Russell entsprechend seinem Idealbild als »Working Terriers« weiter gezüchtet. Es gibt kaum eine Hunderasse, die derart beliebt ist und über deren Entstehung wir so viel wissen wie über den Parson Jack Russell Terrier. In England werden die Russell Terrier auch heute noch für die Baujagd eingesetzt. In Deutschland ist das Einsatzgebiet in der jagdlichen Praxis vielfältiger: Hier werden die Terrier zur Jagd auf Fuchs und Dachs, zur Wasserarbeit, zur Fährtenarbeit (Nachsuche auf verletztes Wild) oder zum Stöbern (in der Meute oder als Einzelgänger) eingesetzt.

Ein weltweiter Siegeszug

Aufgrund ihres Charakters und ihrer Vielseitigkeit gerieten diese zunächst namenlosen »Working Terriers« nicht in Vergessenheit und wurden seit 1930 schließlich als Rassehunde unter dem Namen ihres Schöpfers weltweit berühmt. In Deutschland fanden die vielseitigen, ausdauernden Terrier nicht nur

Auch ein Russell Terrier ist ab und an in der »Vorstehpose« zu sehen. Hierbei zeigt ein Jagdhund in der typischen Stellung – ein Vorderlauf erhoben – an, dass er etwas Interessantes entdeckt hat. Seine ganze Aufmerksamkeit gilt nun diesem Objekt.

unter Jägern, sondern seit 1970 auch als Familienhunde begeisterte Besitzer.

Der Britische Kennel Club und die FCI (Fédération Cynologique Internationale, → Seite 62) erkannten 1990 den etwas größeren und hochläufigen Parson Jack Russell Terrier als eigenständige Rasse an. Am 31. August 2001 reichte der Australische Kennel Club auch für die niederläufige Variante einen eigenen Antrag auf Anerkennung bei der FCI ein. Seitdem werden die beiden Rassen getrennt geführt.

Der ursprüngliche Terriertyp des Pfarrers heißt seit dem Jahr 2001 offiziell Parson Russell Terrier und die kleinere Rasse Jack Russell Terrier. Erst in den letzten Jahren hat man in der Zucht verstärkt auf Äußerlichkeiten selektiert; dies führte zu einer Vereinheitlichung der Rasse. In Deutschland werden sowohl der Parson Russell als auch der Jack Russell Terrier im Klub für Terrier e. V. betreut, der Parson wird auch noch durch den Parson Russell Terrier Club Deutschland e. V. vertreten.

Jack Russell oder Parson Russell?

Diese beiden Namen sorgen sehr oft für Verwirrung. Häufig ist von Jack Russell die Rede, selbst wenn der Parson Russell gemeint ist. Bei beiden besticht die handliche Größe, die bei jedem Hund individuelle Farbverteilung sowie das muntere und quirlige Wesen dieser vierbeinigen Racker. Die Größe liegt je nach Rasse zwischen 25 cm und 38 cm, das Fell kann glatt oder rau sein, ist aber immer von harscher Struktur, anliegend und dicht. Unterscheiden sie sich hauptsächlich in ihrer äußeren Erscheinung, so sind beide Rassen in ihrem Wesen sehr ähnlich. Sie sind besonders kinderfreundlich, lebhaft, ausdauernd, wachsam und trotzdem anpassungsfähig.

Der Reiterhund Mit dem Reitsport kam auch der Russell Terrier nach Deutschland. Durch seinen Körperbau kann er ausgezeichnet mit den Pferden oder der Jagdhundemeute Schritt halten. Da sie mit Pferden gut auskommen und in der Regel keine Angst vor ihnen haben, sind die Russell Terrier in Reiterkreisen sehr beliebt, und man sieht sie auf fast jedem Reitturnier. Ein erwachsener und gut trainierter Hund kann auch längere Ausritte begleiten und durch seine Gesellschaft bereichern. Außerdem werden Jack Russell oder Parson Russell Terrier auf Reiterhöfen häufig als sehr geschickte, ausdauernde Ungezieferfänger eingesetzt, da es hier – bedingt durch die Getreidevorräte – immer Ratten und Mäuse gibt.

Der Jagdhund Sowohl der Jack Russell als auch der Parson Russell werden im FCI-Standard als Arbeitsterrier mit Arbeitsprüfung klassifiziert. Der Parson ist in Deutschland vom JGHV (Jagdgebrauchshundeverband e. V.) als Jagdhund anerkannt und darf auf offiziellen Prüfungen geführt werden. Beim Jack Russell ist dies hierzulande dagegen nicht der Fall. Im Ausland sieht es anders aus. Dort wird er auch auf Prüfungen geführt, die wiederum in Deutschland anerkannt werden müssen, wenn sie durch die FCI bestätigt sind. Jack Russell mit bestätigter Jagdprüfung dürfen dann auf Ausstellungen in der Gebrauchshundeklasse geführt werden.

Der kinderfreundliche Hund Jack Russell und Parson Russell sind robuste, aktive und verspielte Hunde. Diese Eigenschaften machen sie zu idealen Kameraden für Kinder. Aber Achtung, ein Terrierwelpe ist kein Spielzeug! Achten Sie darauf, dass Ihr Terrier nicht beim Schlafen oder Fressen gestört wird. Auch wenn sich Kind und Hund noch so gut verstehen: Lassen Sie die beiden bitte niemals unbeaufsichtigt zusammen spielen. Ferner muss der Terrierwelpe wiederum lernen, nicht zu ungestüm oder gar grob mit Kindern und Erwachsenen umzugehen (→ Seite 27).

Was ist ein »Rassestandard«?

EXPERTENGREMIEN Für alle von der FCI anerkannten Hunderassen werden von Experten in den jeweiligen Ursprungsländern der Rassen Standards erstellt. Der jeweilige Dachverband des Landes bzw. die FCI genehmigt diese Standards und kann Änderungen vornehmen. Ein Standard beschreibt die einzelnen Körperteile und die Anforderungen an die Rasse (→ Seite 10).

RAUHAARIGER PARSON RUSSELL
Hier in der Farbvariante Weiß mit lohfarbigen Abzeichen. Lohfarben gibt es in allen Schattierungen vom hellsten bis hin zum sattesten Loh (Kastanienbraun). Die Farbe Weiß muss vorherrschen. Die farbigen Abzeichen sollen vorzugsweise auf Kopf und Rutenansatz beschränkt sein. Alle Farbvariationen sind erlaubt, auch vollständig weiße Hunde. Deutsche Züchter geben den farbigen Hunden häufig den Vorzug, da viele Käufer diese ansprechender finden.

TRICOLORFARBIGER PARSON RUSSELL
Ansprechender Parson Russell mit relativ viel Farbe. Tricolor ist eine typische Farbe. Echtes Tricolor ist angeboren und an den einzelnen roten bzw. gelben Haaren an den Wangen sichtbar. Die roten Haarpartien wachsen nicht über die Augenpartie hinaus, bleiben relativ klein und beschränken sich auf Augenbrauen, Wangen, Unterseite der Ohren, Achseln und Rutenunterseite.

GLATTHAARIGER JACK RUSSELL TERRIER
Hier in den Farben Weiß-Braun mit wachem und aufmerksamem Ausdruck. Das Kerlchen wartet nur auf einen »Wink«, damit es weitergeht.

Gegenüberstellung der Rassen

Nachfolgend finden Sie auszugsweise einige Merkmale, anhand derer sich Parson Russell Terrier und Jack Russell Terrier auch für den Laien leicht unterscheiden lassen:

Parson Russell Terrier

FCI-Standard Nr. 339/28.11.2003/D
Ursprung Großbritannien
Klassifikation FCI Gruppe 3 Terrier, Sektion 1 Hochläufige Terrier, mit Arbeitsprüfung.

Verwendung Derber, widerstandsfähiger Arbeitsterrier, besonders für die Arbeit unter der Erde.
Wichtige Proportionen Harmonisch gebaut. Die Gesamtlänge des Körpers ist geringfügig größer als die Höhe vom Widerrist zum Boden. (Der Hund ist daher etwas länger als hoch.)
Verhalten und Wesen Im Wesentlichen ein Gebrauchsterrier, mit der Fähigkeit zur Arbeit im Bau und mit dem in der Jagdmeute geeigneten Körperbau. Unerschrocken und freundlich.

Jack Russell Terrier laufen für ihr Leben gern und sind sehr schnell. Bei dem Terrier auf dem Foto sieht der Betrachter die Lebensfreude ins Gesicht geschrieben.

Kiefer und Zähne Kräftige, muskulöse Kiefer, regelmäßiges und vollständiges Scherengebiss (obere Schneidezähne greifen über die unteren).
Vorderhand Kräftige Läufe, die gerade sein müssen, mit Gelenken, die weder nach innen noch nach außen drehen.
Hinterhand Kräftig, muskulös mit guter Winkelung.
Größe Ideale Widerristhöhe bei Rüden 36 cm, bei Hündinnen 33 cm.

Jack Russell Terrier

FCI-Standard Nr. 345/09.08.2004/D
Ursprung England
Klassifikation FCI Gruppe 3 Terrier, Sektion 2 Niederläufige Terrier, mit Arbeitsprüfung.
Verwendung Ein guter Arbeitsterrier; bei ausreichender Beschäftigung ist er ein ausgezeichneter Begleithund.
Wichtige Proportionen Der Hund ist insgesamt länger als hoch. Die Tiefe des Körpers vom Widerrist bis zur Unterseite des vorderen Brustkorbes sollte gleich der Länge der Vorderläufe vom Ellenbogen bis zum Boden sein. Der Umfang des Brustkorbes unmittelbar hinter den Ellenbogen sollte ca. 40 bis 43 cm betragen.
Verhalten und Wesen Ein lebhafter, wachsamer, aktiver Terrier mit durchdringendem, intelligentem Ausdruck. Kühn und furchtlos, freundlich mit ruhigem Selbstvertrauen.
Kiefer und Zähne Sehr stark, tief, breit und kraftvoll. Kräftige Zähne mit Scherenschluss.
Vorderhand Gerade Knochen von den Ellenbogen bis zu den Zehen, sowohl von vorn als auch von der Seite gesehen.
Hinterhand Kräftig und muskulös, in ausgewogenem Verhältnis zu den Schultern stehend.
Größe Ideale Widerristhöhe 25 bis 30 cm.

Hier kommt jedes Rufen zu spät. Rennt ein Parson Russell Terrier ersteinmal, dann sind die Ohren auf »Durchzug« gestellt.

Kupierverbot

TIERSCHUTZGESETZ Das Kupieren (das Beschneiden von Ohren und Rute des Hundes) ist in Deutschland laut Tierschutzgesetz verboten. Dem Hund würden ohne vernünftigen Grund Schmerzen zugefügt. Zusätzlich schränkt das Kupieren auch sein Ausdrucksverhalten und die Kommunikation mit Artgenossen ein. Ausnahmen gibt es nur bei jagdlich zu führenden Hunden, wenn es für die vorgesehene Nutzung unerlässlich ist und keine tierärztlichen Bedenken bestehen.

KUPIEREN IM AUSLAND Hundehalter, die aus dem Ausland einen kupierten Hund einführen, machen sich nach dem Tierschutzgesetz ebenfalls strafbar, da gemäß Rechtsprechung Schmerzen im Inland fortwirken.

Der Körperbau der Russell Terrier

Auge

Die Augen des Russell Terriers sind mandelförmig, dunkel und mäßig tiefliegend. Ihr Ausdruck ist lebhaft, aufmerksam, intelligent und unerschrocken. Die Bindehaut darf nicht gerötet und kein Tränenfluss sichtbar sein.

Ohren

Die Russell Terrier haben kleine, v-förmige, nach vorn fallende, dicht am Kopf getragene Ohren. Die Falte sollte nicht über den Schädel hinausreichen und die Spitze in Höhe der Augen enden.

Rute

Seit 1998 wird in Deutschland nicht mehr kupiert, das heißt, die Rute darf nur noch für den jagdlichen Gebrauch gekürzt werden. Kaufen Sie keinen kupierten Russell Terrier, Sie machen sich sonst strafbar. Außerdem ist die Rute ein Körperteil, mit dem die Hunde untereinander kommunizieren.

Fell

Russell Terrier sind rauhaarig oder glatt. Ihr Haarkleid ist harsch, anliegend und dicht, niemals weich oder seidig. Das Fell besteht aus geradem, flach anliegendem Deckhaar mit dichtem Unterhaar.

Maul

Ein Russell Terrier hat kräftige Kiefer mit einem Scherengebiss. Zähne und Zahnfleisch sollten gut gepflegt werden. Werden Zahnbeläge nicht rechtzeitig entfernt, bildet sich Zahnstein, der zu Zahnfleischentzündungen und Zahnverlust führen kann. Zahnstein muss unter Narkose beim Tierarzt entfernt werden. Dieser Prozedur können Sie vorbeugen, indem Sie Ihrem Terrier zweimal täglich die Zähne putzen. Geeignete Zahnbürsten oder Fingerlinge erhalten Sie im Zoofachgeschäft.

Pfoten

Die Pfoten sind kompakt und mit festen Ballen. Achten Sie darauf, dass die Krallen nicht zu lang werden, da dies zu Problemen beim Laufen führen kann. Kontrollieren Sie die Pfoten zusätzlich regelmäßig auf Fremdkörper.

13

Welche Ansprüche stellt Ihr Hund?

Ihre Entscheidung ist gefallen – Sie möchten sich einen kleinen Parson oder Jack Russell Terrier zulegen! Russell Terrier sind robuste, langlebige Rassen (→ Seite 15), die ihrem Besitzer viel Freude bereiten und das Leben bereichern werden. Allerdings stellt diese agile Hunderasse auch einige Ansprüche an seinen Besitzer.

Lassen Sie sich auf diese Herausforderung ein, werden Sie einen treuen Kameraden haben, der Sie täglich begeistert. Es sind wirklich außergewöhnliche Hunde mit viel Persönlichkeit.

Der notwendige Zeitaufwand

Bevor Sie sich einen Terrier kaufen, sollten Sie gut überlegen, ob Sie auch ausreichend Zeit für einen Hund haben! Die Tiere benötigen viel Zuwendung und eine konsequente Erziehung. Zwei Stunden Training über den Tag verteilt ist hier ein Muss. Die Rassen sind nicht für »Couch-Potatoes« geeignet, sie wollen gefordert werden und fordern uns. In falscher Hand kann ein Russell Terrier aggressiv, unfolgsam und nervig werden.

Welpenzeit Mit einem Welpen holen Sie sich sozusagen ein Baby ins Haus. Dieses kleine Wesen braucht die ersten Wochen ständig Ihre Fürsorge. Je nach Alter benötigt der Welpe vier bis fünf Mahlzeiten am Tag und muss alle zwei bis drei Stunden nach draußen, um seine Blase und seinen Darm zu entleeren. Wenn Sie berufstätig sind, überlegen Sie sich die Anschaffung gut. Wenn nämlich keiner Zeit hat, der mit ihm nach draußen geht, wird er einfach in die Wohnung machen. Hierfür dürfen Sie das Kerlchen natürlich nicht tadeln oder gar schimpfen, denn schließlich kann er Blase und Darm noch nicht so kontrollieren, wie Sie es vielleicht erhoffen. Auf das Thema Stubenreinheit gehe ich später ausführlich ein (→ Seite 26).

In diesen ersten wichtigen Wochen heißt es: früh aufstehen, spät schlafen gehen und eventuell

Gemeinsame Spielstunden sollten mindestens einmal täglich stattfinden, da sie die Bindung stärken.

nachts immer wieder mit dem kleinen Racker raus in den Garten!

Sie sollten auch ausreichend Zeit für Welpenspielstunden einplanen (→ Seite 33). Dies ist sehr wichtig für Sie und den jungen Vierbeiner. Er lernt dabei, wie er sich gegenüber anderen Hunden verhält, die ein ganz anderes Aussehen, eine ganz ungewohnte Mimik und ein fremdes Temperament haben. Dies alles sollten Sie mit Ihrem Welpen in den ersten Lebenswochen spielerisch trainieren. Führen Sie ihn auch langsam an fremde Menschen, Kinder und Gegenstände heran.

Junghundezeit Nach der Welpenzeit, etwa ab der 20. Lebenswoche, sollten Sie an einem Junghundekurs teilnehmen. Hier üben Mensch und Hund die einfachen Erziehungsgrundlagen wie Sitz, Platz und bei Fuß gehen. Planen Sie zu Hause oder auf Spaziergängen ausreichend Zeit für die Wiederholung der Übungen ein. Ohne die richtige Erziehung und Beschäftigung sucht sich dieses Energiebündel selbst eine Ablenkung – und dies ohne Rücksicht auf Möbel, Teppiche oder Schuhe.

Russell Terrier sind sehr anpassungsfähige Hunde. Dies macht es ihnen leicht, ihren Platz im zwei- und vierbeinigen Rudel zu finden. Nutzen Sie das in den ersten Wochen und Monaten für sich, zahlt es sich später aus. Wenn Sie am Ball bleiben, wird Ihr Vierbeiner ein gut erzogener und bei Freunden und Bekannten gern gesehener Hund.

Die Lebenserwartung

Russell Terrier sind robuste und langlebige Hunde. In jungen Jahren sind sie verspielt und wild. Aber vergessen Sie nicht: Aus dem süßen tollpatschigen Welpen wird auch ein alter Hund. Sie tragen für Ihren Vierbeiner also bis ins hohe Alter von 13 bis 15 Jahren die Verantwortung. Leider stellen sich im

Erfülle ich **die Ansprüche?**	
DAS SOLLTEN SIE MITBRINGEN	
ERZIEHUNG	Haben Sie täglich mindestens zwei bis drei Stunden Zeit, sich mit dem Hund zu beschäftigen?
FAMILIE EINBINDEN	Sind alle Familienmitglieder mit der Anschaffung einverstanden? Schließlich ist dies eine Veränderung ihrer Lebensgewohnheiten für die nächsten 13 bis 15 Jahre!
WETTERFEST	Haben Sie Lust, bei Wind und Regen, Sommer und Winter mit dem Hund ins Freie zu gehen?
NICHT ALLEIN LASSEN	Haben Sie und Ihre Familie ausreichend Zeit für einen Hund? Welpen sollten in der ersten Zeit des Einzuges kaum und als erwachsene Hunde nicht länger als fünf Stunden täglich alleingelassen werden.
KOSTEN	Sind Sie bereit und in der Lage, die Kosten der Hundehaltung (Versicherung, Steuer, Ernährung und Tierarzt → Seite 16) zu tragen?
URLAUB UND KRANKHEIT	Haben Sie sich gut überlegt, wer sich um den Hund kümmert, wenn Sie in den Urlaub fahren oder krank sind? Haben Sie eine Hundepension oder Verwandte, die den Hund betreuen?
HUNDESCHULE	Haben Sie Freude und Zeit, mit dem Hund an Welpen- und Junghundekursen einer Hundeschule teilzunehmen?

Alter oft auch gesundheitliche Probleme ein. Etwa ab dem neunten Lebensjahr werden Sie bemerken, dass Ihr Terrier gemütlicher und ruhiger wird und Ohren- und Augenleistung langsam etwas nachlassen. Aber er wird trotzdem Ihr Partner bleiben, der abhängig ist von Ihrer Pflege, Ihrer Fürsorge und Ihrer Liebe.

Russell und andere Tiere

Über eins sollten Sie sich im Klaren sein: Russell Terrier sind Jagdhunde. Sie können durchaus lernen, wer mit ihnen zur Hausgemeinschaft gehört und einen sogenannten »Burgfrieden« schließen. Ganz egal ob nun Katzen, Hühner oder andere Tiere zum Haushalt gehören, der Hund wird schnell erkennen und akzeptieren, wer zu seinem Rudel gehört. Wichtig ist, dass Sie ihm immer klarmachen, dass Sie der Rudelführer sind, an dem er sich zu orientieren hat. Das erste Zusammentreffen mit den übrigen Rudelmitgliedern sollte in ruhiger Atmosphäre, ohne hektische Aufregung, ablaufen. Loben Sie ihn für richtiges Verhalten ausgiebig, dann stellen sich ganz schnell die gewünschten Ergebnisse ein.

Die guten Benimmregeln unter Hunden hat Ihr Hund von Anfang an in der Welpenstunde gelernt, dies wurde dann in der Junghundegruppe verfestigt. Aber aufgepasst: Bei der Nachbarskatze kann das ganz anders aussehen. Wenn er kann, wird er diese leidenschaftlich jagen. Rechnen Sie auch bei kleinen Heimtieren wie Meerschweinchen und Zwergkaninchen damit, dass sein Jagdtrieb gelegentlich mit ihm durchgeht. Lassen Sie diese mit dem Russell Terrier daher nie allein!

Ein besonderes Verhältnis haben Russell Terrier zu Pferden. Sie sind im Umgang mit Pferden sehr selbstbewusst, passen aber gleichzeitig ausgezeichnet auf, dass sie nicht unter die Hufe geraten. Besitzt Ihr Hund eine gute Kondition, können Sie ihn auch als Pferdebegleithund mitnehmen. So kommen Sie seinen angeborenen Laufbedürfnissen entgegen.

Der Anschaffungspreis

Russell Terrier mit anerkannten Papieren und aus verantwortungsvoller Zucht haben einen relativ hohen Anschaffungspreis. Dieser resultiert aus vielerlei Punkten: Vereinszugehörigkeit, Kosten für Ausstellungen, Untersuchungen auf Erbkrankheiten, Zuchtzulassungskosten sowie ein Posten für die Deckkosten.

Zum Anschaffungspreis addieren sich die wiederkehrenden Kosten (siehe Kasten links) sowie die

---

Laufende **Kosten**

ANSCHAFFUNG Je nach Züchter müssen Sie für einen Russell-Welpen einmalig etwa 800 bis 1000 Euro berappen.

HAFTPFLICHTVERSICHERUNG Je nach Versicherung werden hierfür jährlich etwa 100 Euro fällig.

HUNDESTEUER Wird jährlich an die Gemeinde abgeführt und schwankt je nach Region zwischen 50 und 300 Euro je Hund (bei Stadt- oder Gemeindeverwaltung erfragen).

IMPFKOSTEN Die Kosten für die jährlichen Impfungen belaufen sich auf rund 70 Euro. Hinzu kommen noch die Arztkosten für Vorsorgeuntersuchungen und Krankheitsbehandlungen.

ENTWURMUNG Für die Medikamente zur Entwurmung fallen jährlich etwa 50 Euro an.

Unzertrennlich und Freunde für ein ganzes Leben. Hund und Kind aber bitte nicht unbeaufsichtigt lassen.

Das Zusammenleben mit Katze oder anderen Heimtieren sollte schon im Welpenalter langsam eingeübt werden.

Kosten für Futter, Pflege und Hundeschule. Eventuell müssen Sie auch einen ausbruchsicheren Zaun um Ihren Garten ziehen. Hinzu kommen die Kosten für die Grundausstattung Ihres Hundes. Zu guter Letzt bedenken Sie auch unerwartete Tierarztrechnungen, wenn sich Ihr Liebling zum Beispiel eine Verletzung zuzieht.

Gewährleistung beim Kauf

Tiere sind nach der Deutschen Gesetzgebung keine Sachen mehr. Trotzdem werden sie, wenn es um Kauf oder Verkauf geht, als solche behandelt. Der Verkäufer muss Ihnen einen Hund übergeben, der frei von Mängeln ist, z. B. keine Erkrankung hat. Dafür übernimmt er eine Gewährleistung, die bis zu zwei Jahre betragen kann. Bestehen Sie auf einem schriftlichen Kaufvertrag, in dem alle relevanten Belange genau aufgeführt sind (Kaufpreis, Rasse, zugesicherte Eigenschaften etc., → Seite 21). Das erleichtert im Falle eines Mangels die schnelle Regelung.

Haus oder Mietwohnung?

So ein kleiner Russell Terrier braucht keine Luxusvilla mit mehreren Hektar Garten, um sich wohlzufühlen. Eine Mietwohnung kann auch ein gutes Zuhause bieten. Erlaubt Ihr Mietvertrag die Hundehaltung nicht ausdrücklich, benötigen Sie unbedingt die schriftliche Erlaubnis des Vermieters. Die Haltungsgenehmigung kann nachträglich allerdings auch wieder entzogen werden, wenn Ihr Hund zu einer unzumutbaren Belästigung wird, etwa wenn er
› andauernd laut bellt, weil er zu lange alleingelassen wird,
› Treppenhaus, Garten, Hof oder die Straße ständig verschmutzt,
› Hausbewohner belästigt oder gar beißt.
Bitte bedenken Sie auch: Nur eine kleine Runde um den Block lastet einen Russell Terrier körperlich und geistig keinesfalls aus. Gerade bei der Wohnungshaltung sind Sie aufgefordert, für viel Beschäftigung und Bewegung in freier Natur zu sorgen.

Wo bekomme ich einen Russell Terrier?

Die erste Anlaufstelle beim Kauf eines Terriers ist der VDH, dann folgen die beiden dem VDH angeschlossenen Vereine, der KfT sowie der PRTCD. Die genauen Anschriften finden Sie im Anhang. Oft erfahren Sie auch durch Mundpropaganda, in Zeitungsanzeigen oder im Internet die Namen von Züchtern. Wenn einer davon Ihr Interesse geweckt hat, erkundigen Sie sich, ob diese Zuchtstätte dem Verband angehört. Natürlich können Sie auch die Welpenvermittlung der Vereine in Anspruch nehmen. Diese verweist normalerweise direkt an einen Züchter in Ihrer Nähe.

Wenn Sie einen vertrauenswürdigen und seriösen Züchter gefunden haben, sollten Sie durch einen Besuch herausfinden, ob Sie und der Züchter eine »Wellenlänge« haben. Schließlich werden Sie nach dem Kauf noch länger Kontakt haben, einerseits um sich Tipps und Ratschläge zu holen, aber auch um dem Züchter den Kleinen wieder vorzustellen. Ein guter Züchter möchte immer wissen, wie sich die Welpen entwickeln.

Rüde oder Hündin?

Bei der Wahl des Geschlechts spielt in erster Linie eine Rolle, ob Sie schon einen Hund besitzen. Wenn ja, sind Sie mit einem Pärchen sicher sehr gut beraten. Idealerweise sollte aber einer der beiden kastriert sein. Wohnt noch kein Hund bei Ihnen im Haushalt, spielt das Geschlecht kaum eine Rolle. Bei einer Hündin sollten Sie allerdings die Läufigkeiten in Ihre Überlegungen einbeziehen. Die Rüden in der Nachbarschaft können die Paarungsbereitschaft der Hündin erschnuppern. Beim Gassigehen müssen Sie daher damit rechnen, dass Sie von »liebeskranken« Rüden verfolgt werden. Aber auch im Leben eines Rüden gibt es kritische Momente: Wenn eine läufige Hündin in der Gegend ist, kann es passieren, dass Ihr Vierbeiner nichts frisst, traurig vor der Haustür liegt und nur bei Spaziergängen auflebt. Egal ob Hündin oder Rüde – passen Sie in diesen schwierigen Zeiten auf, dass Ihnen Ihr Hund nicht entwischt.

Bevor Sie sich für ein Geschlecht entscheiden, sehen Sie sich in der Nachbarschaft um: Gibt es viele Rüden, dann wählen Sie besser auch einen. Eine läufige Hündin kann es hier sehr schwer haben, da die Rüden der näheren Umgebung sie belagern werden. Leben viele Hündinnen in der Gegend, nehmen Sie auch eine. Ein Rüde würde sonst häufig unter Liebeskummer leiden.

Beim Spielen mit den Geschwistern werden ganz nebenbei wichtige Lektionen für das spätere Leben erlernt.

Einen oder zwei Russell Terrier?

Überlegen Sie, ob Sie nicht gleich zwei Russell Terrier anschaffen möchten? Dann können diese unermüdlich miteinander spielen oder tollen. So reagieren sie einen Teil ihres Temperaments und ihres Bewegungsdranges ab. Allerdings verdoppeln sich mit einem Zweithund nicht nur die Freuden, sondern auch die Kosten. Auch in die Zeit für die Ausbildung müssen Sie doppelt investieren oder ein Familienmitglied dafür »einspannen«. Sie können nie zwei Hunde nebeneinander, sondern nur nacheinander ausbilden. Warten Sie ab, bis der erste Hund im Alter von 12 bis 18 Monaten seine »Grundausbildung« beendet hat, und nehmen Sie dann erst den zweiten Hund bei sich auf. Prüfen Sie die Entscheidung für einen weiteren Hund aber reiflich, denn auch unter den Russell Terriern gibt es Eigenbrötler, die lieber allein statt zu zweit sein wollen.

Die Auswahl des Welpen

Bei der Auswahl des Welpen sollten Sie sich auch vom Züchter beraten lassen, da er seine Welpen am besten kennt und Ihnen sagen kann, wie die Veranlagung und das Temperament der einzelnen Welpen ist. Wie sich das Zusammenleben dann später tatsächlich einmal entwickeln wird, ist natürlich auch davon abhängig, wie viel Zeit Sie in die Erziehung des Welpen investieren.
Wenn Sie beim Züchter die Qual der Wahl unter mehreren Welpen haben, lassen Sie sich auch von Ihrem Gefühl leiten. Nicht selten ist es so, dass Sie von einem Welpen ausgesucht werden, der Hund sich also für Sie entscheidet. Vielleicht spüren Sie sofort eine besondere Bindung zwischen Ihnen beiden. In diesem Fall ist die Entscheidung sicherlich schnell gefallen.

Wie finde ich den **richtigen Züchter?**

TIPPS VON DER PARSON-RUSSELL-EXPERTIN
Karin Wegner

MITGLIEDSCHAFT Der Züchter ist Mitglied in VDH-Vereinen, im KfT oder PRTCD.

MUTTERTIER Der Züchter zeigt Ihnen den gesamten Wurf. Kaufen Sie nie einen Welpen, dessen Mutter Sie nicht kennen!

INFORMATIONEN Der Züchter berät Sie vor dem Kauf bei einem persönlichen Treffen.

GEPFLEGTES UMFELD Die Hunde leben mit im Haus oder in einer sauberen und gut gepflegten Zwingeranlage mit viel Kontakt zu Menschen.

BEREITWILLIGE AUSKUNFT Er kann Ihnen viel über die Rasse erzählen und beantwortet Fragen.

WICHTIGE UNTERLAGEN Er zeigt Ihnen alle Dokumente: Zuchtzulassungsunterlagen, Zwingerschutzkarte Verein/VDH, Zwingerbuch, Wurfabnahmeprotokoll sowie eine Ahnentafelkopie und Fotos des Deckrüden.

GESUNDHEITSZUSTAND Alle Hunde sind geimpft, entwurmt und gut gepflegt, riechen angenehm, suchen die Nähe der Besucher.

Willkommen daheim

Der große Tag ist gekommen, Sie holen Ihren Welpen vom Züchter ab. Egal wie gut Sie alles vorbereitet haben, dieser Tag wird sehr aufregend. Viele Welpen gewöhnen sich schnell an die neue Umgebung und die neuen »Rudelmitglieder«. Mit viel Liebe und Verständnis helfen Sie ihm über die ersten Tage hinweg.

Der Weg in ein neues Leben

Halten Sie sich diesen Tag für Ihren Vierbeiner frei. Holen Sie den Welpen möglichst schon am Vormittag ab, so bleibt Ihnen der ganze Tag zum Eingewöhnen.

Der Züchter wird Ihnen einen kleinen Leitfaden mitgeben, dem Sie entnehmen können, welches Futter der Welpe bislang bekommen hat und an welche Fütterungszeiten er gewöhnt ist. Fragen Sie, wo Sie das gewohnte Futter kaufen können, vielleicht gibt Ihnen der Züchter aber auch einige Portionen mit. Eine plötzliche Futterumstellung könnte bei Ihrem Welpen zu Durchfall führen.

Notwendige Formalitäten

Vor der Heimreise erhalten Sie vom Züchter noch einige Unterlagen: Zum einen übergibt er Ihnen den Kaufvertrag mit den vollständigen Angaben von Züchter und Käufer, dem Preis und etwaigen Mängeln, über die Sie selbstverständlich vorher aufgeklärt wurden. Außerdem erhalten Sie eine Kopie des Wurfabnahmeprotokolls. Hier sind alle Auffälligkeiten, die dem Zuchtwart bei der Wurfabnahme aufgefallen sind, vermerkt. Im EU-Heimtierpass sind alle Impfungen eingetragen. Hier finden Sie die erste Impfung, ist der Welpe älter als zwölf Wochen, auch schon die zweite. Der Welpe ist zum Zeitpunkt der Übergabe gegen Staupe, Hepatitis, Leptospirose und Parvovirose geimpft. Auch Wurmkuren hat der Welpe schon mehrmals erhalten. Der Züchter wird Sie informieren, wann die nächsten Impfungen bzw. Wurmkuren fällig sind. Im EU-Heimtierpass finden Sie auch die Identifikationsnummer Ihres Hundes (gespeichert auf dem Mikrochip bzw. als Tätowierung im rechten Ohr, → auch Seite 59). Sind alle Formalitäten geregelt, können Sie endlich die Heimreise antreten.

Die Grundausstattung für daheim

Es ist so weit! Aber bevor Sie Ihren Welpen abholen, sollten Sie schon einige Einkäufe getätigt haben.

1 Spielzeug

Im Zoofachhandel finden Sie ein umfangreiches Angebot an Spielsachen. Lassen Sie sich dort am besten beraten, was sich für Ihren Welpen besonders eignet. In diesem Zusammenhang eine große Bitte: Kaufen Sie keine »Quietschies«! Bei diesem Spielzeug geht die Beißhemmung verloren. Beißt ein Welpe im Spiel zu fest zu, wird dies der andere mit einem hohen »quietschenden« Jammerton signalisieren. Ein gut sozialisierter Hund wird seinen Biss dann sofort lockern. So lernen die Kleinen, ihre Bisse zu kontrollieren.

2 Futter- und Wassernäpfe

Zum Fressen und Trinken benötigt Ihr Russell Terrier einen Futter- und einen Wassernapf. Die Gefäße sollten aus einem Material sein, das sich gut reinigen lässt, und am besten so standfest sein, dass Ihr Welpe sie nicht umkippen kann.

3 Leine

Auch hier hält der Zoofachhandel ein vielfältiges Angebot bereit. Bitte verwenden Sie keinesfalls Rollleinen! Diese erschweren die Erziehung zur Leinenführigkeit, sind böse Stolperfallen und können so zu Verletzungen führen. Eine Schleppleine bewährt sich, um Ihrem Hund zu »erklären«, dass er auf jeden Fall kommen muss, sobald der Ruf »Komm« erfolgt. Sollte er darauf nicht reagieren, ziehen Sie ihn einfach zu sich heran. So lernt er, dass er, auch wenn er für Sie nicht greifbar ist, kommen muss.

4 Halsband

Das Angebot an Halsbändern ist sehr umfangreich. Am besten kaufen Sie für die Wachstumsphase ein stufenlos einstellbares Halsband, da der Kleine schnell wächst.

5 Körbchen

Entscheiden Sie schon vor seiner Ankunft, wo Sie den Schlafplatz einrichten. Welpen benötigen einen festen Platz, an den sie sich zurückziehen können. Dieser sollte ruhig, aber zentral sein, damit Ihr Vierbeiner die Familie beobachten kann. Das Körbchen muss ausreichend groß sein, damit sich auch der erwachsene Hund noch bequem darin drehen kann. Für das Polster im Körbchen ist nur eines wichtig: Es muss unbedingt waschbar sein!

6 Alternativer Schlafplatz

Ein »Zweitschlafplatz« findet bei den Terriern meist großen Anklang. Bieten Sie ihm einen weichen, kuscheligen Platz. Meine Erfahrung ist: Terrier lieben es gemütlich und bequem!

Gefahrenquellen im neuen Heim

Suchen Sie den Wohn- und Gartenbereich nach Gefahren ab. Bringen Sie giftige Topfpflanzen und Putzmittel in Sicherheit. Gefährlich können auch Stromkabel, Zwischenräume am Balkon, eine Treppe mit offenen Stufen, der Gartenteich oder ein Schwimmbad sein. Prüfen Sie, ob Ihr Garten »ausbruchsicher« ist. Russell Terrier können gut und tief graben. Lassen Sie Ihren Welpen deshalb nie ohne Aufsicht spielen. Man kann nie sicher sein, dass er nicht doch einen Weg nach draußen findet.

1

2

3

4

5

6

Die Fahrt ins neue Heim

Nehmen Sie auf Ihrer Fahrt zum Züchter folgende Dinge mit: Halsband, Leine, ein Handtuch, Küchenpapier und, wenn schon vorhanden, eine Transportbox. Dauert die Autofahrt länger als eine Stunde, bitte Wasser und Trinknapf nicht vergessen. Nehmen Sie unbedingt eine zweite Person mit, so können Sie sich auf der Rückfahrt ganz auf den Welpen konzentrieren. Bevor Sie ins Auto steigen, vergewissern Sie sich, dass der Welpe sein großes und kleines Geschäft erledigt hat. Nehmen Sie ihn während der Fahrt auf den Schoß oder setzen Sie ihn neben sich. Wenn Sie eine Transportbox dabei

haben, können Sie diese neben sich auf den Rücksitz stellen und beruhigend auf den Welpen einwirken. Nehmen Sie zudem unbedingt Küchenpapier mit. Selbstverständlich hat ein guter Züchter den Welpen einige Zeit vor der Abholung nicht gefüttert, trotzdem kommt es manchmal vor, dass auch Welpen reisekrank werden. Legen Sie bei längeren Autofahrten regelmäßige Pausen ein. Wichtig: Den Welpen beim Aussteigen immer angeleint lassen, auch wenn die Gewöhnung an Halsband und Leine (→ Seite 26) noch nicht erfolgt ist und sich Ihr Welpe beim Anlegen noch unwohl fühlt!

Eingewöhnung

Geben Sie Ihrem neuen Rudelmitglied Zeit, in der neuen, fremden Umgebung alles in Ruhe anzugucken und zu beschnuppern. Lassen Sie ihn alles selbstständig erkunden, zunächst den Garten und dann das Haus. Gönnen Sie ihm bei seinen Erkundungen eine entspannte Atmosphäre. Machen Sie sich keine Sorgen, wenn er die erste Mahlzeit nicht annimmt. Für ihn ist alles sehr aufregend. Wahrscheinlich wird er sich beim nächsten Mal mit umso größerem Appetit auf den Fressnapf stürzen. Ein voller Wassernapf sollte immer zur Verfügung stehen. Halten Sie Ihre aufgeregten Kinder auch dazu an, sich möglichst nicht zu laut und zu stürmisch auf den neuen Mitbewohner zu stürzen. Dies könnte ihn unnötig erschrecken.

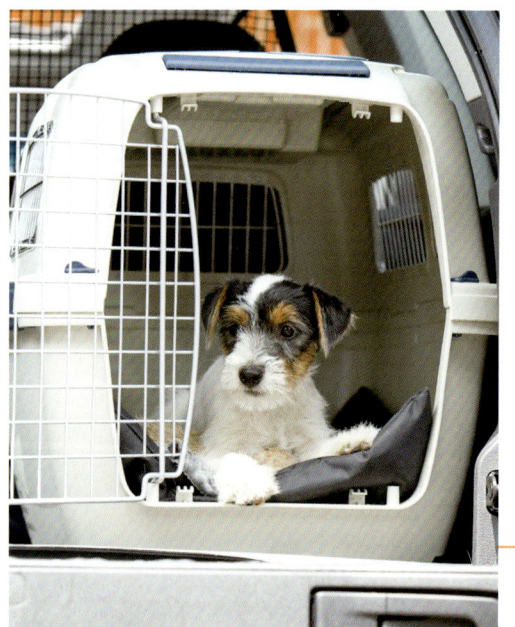

Früh übt sich, was ein guter Autofahrer wird. Eine Transportbox leistet viele Dienste – sicherer Transport im Auto, Rückzugsort für Zuhause.

Wenn er ängstlich wirkt, bleiben Sie bei ihm, aber lassen Sie ihn in Ruhe. Wenn er spielen möchte, spielen Sie mit ihm. Er wird sich bald mutiger zeigen und so aufgeweckt sein, wie er es beim Züchter war. Nach der ganzen Aufregung wird Ihr Liebling müde sein. Zeigen Sie ihm seinen Schlafplatz, und lassen Sie ihm die Ruhe, die er braucht. Wecken Sie ihn keinesfalls auf. Denken Sie daran: Er ist ein Hundebaby und braucht noch viel Schlaf. Schenken Sie ihm Liebe und Zuneigung, und er wird später alles für Sie tun.

Die erste Nacht

Der erste aufregende Tag geht zu Ende. Im neuen Heim angekommen wird manchem Welpen schmerzlich bewusst, dass die Geschwister und die Mutter fehlen. Um ihm über die Trennung hinwegzuhelfen, stellen Sie entweder das Körbchen, ausgepolstert mit einer Decke, oder die Hundebox neben das Bett. So kann er Ihre Atmung hören und wird mit seiner gut entwickelten Nase Ihren Geruch wahrnehmen. Wenn sich der Welpe während der Nacht einsam fühlt und jammert, lassen Sie wortlos Ihre Hand zu ihm herabgleiten. Sollte er sich nicht beruhigen, nehmen Sie ihn auf den Arm und gehen Sie mit ihm nach draußen, damit er sich lösen kann. Bitte alles ohne viel Aufhebens. Sie werden sehen, schon bald wird er durchschlafen. Am frühen Morgen gehen Sie mit dem Welpen als Erstes nach draußen, damit er in Ruhe seine Geschäfte verrichten kann. Das dauert in der ersten Zeit wahrscheinlich länger, da es so viel Neues zu erschnüffeln gibt. Hat alles geklappt, nehmen Sie ihn wieder mit ins Haus und machen Frühstück. Anschließend sollten Sie mit ihm nochmals ins Freie gehen. Bei meinen Hundebabys habe ich die Erfahrung gemacht, dass sie dann gleich wieder »müssen«.

Tipps fürs **erste Kennenlernen**

SO LEBT SICH IHR HUND GUT EIN

GEMEINSAME ZEIT	Nehmen Sie sich die ersten Tage viel Zeit für den Welpen. Vertrösten Sie Freunde und Besucher auf später, wenn sich Ihr Vierbeiner in der neuen Umgebung eingelebt hat.
BINDUNG AUFBAUEN	Lassen Sie ihn noch nicht allein. Kuscheln und spielen Sie mit ihm, das fördert die Bindung. Benutzen Sie seinen Namen bei allen angenehmen Situationen wie Fressen und Spielen. Der Hund soll nur Positives damit verbinden. Bei Unerwünschtem sagen Sie einfach nur »Pfui« oder »Nein«.
REGELN EINHALTEN	Legen Sie einen geregelten Tagesablauf fest. Russell Terrier können sehr eigenwillige Hunde mit großem Selbstbewusstsein und einer Portion Hartnäckigkeit sein. Lassen Sie dem Welpen jetzt nichts durchgehen, was Sie später nicht wollen.

Die ersten Wochen

Nach der Aufregung der ersten Nacht kehrt langsam »Normalität« ein. Führen Sie einen festen Rhythmus im Tagesablauf ein. Sicherlich wird dies nicht sofort gelingen, aber seien Sie bemüht, so wird Ihrem Welpen die Eingewöhnung leichter fallen.

An Halsband und Leine gewöhnen

Das Anlegen von Halsband und Leine braucht ein wenig Übung. Nehmen Sie ein leichtes Halsband und lassen Sie es vom Welpen beschnuppern und legen Sie es ihm dann locker um den Hals. Während Sie so ein wenig mit ihm spielen, geben Sie ihm immer wieder ein Leckerli. Lässt er sich das Halsband problemlos umlegen, befestigen Sie die Leine und lassen ihn frei damit herumlaufen. Üben Sie das zur Sicherheit zunächst in der Wohnung. Bevor Sie sich am nächsten Tag auf Ihren ersten Spaziergang wagen, packen Sie eine Handvoll kleine, weiche Leckerlis ein. Will der Welpe nicht mitlaufen, locken Sie ihn, indem Sie in die Hocke gehen und seinen Namen rufen. In den ersten Wochen darf der Welpe nicht überfordert werden. Zunächst genügt ein- bis zweimal täglich ein fünf- bis zehnminütiger Spaziergang. Dieser wird dann je nach Entwicklung schrittweise ausgeweitet.

Allein bleiben

Allein sein ist für einen Welpen eine Strafe. Um den Kleinen langsam daran zu gewöhnen, legen Sie ihm ein getragenes Kleidungsstück ins Körbchen und spielen Sie leise Radiomusik. Beschränken Sie das Alleinsein zunächst auf wenige Minuten, und kommen Sie wieder zurück, wenn er noch ruhig ist. Dehnen Sie die Zeitabstände immer weiter aus.

Zeitungslektüre auf Hundeart. Hier wird kontrolliert, wer schon vorbeigekommen ist. Danach hinterlässt auch dieser Hund seine »Duftmarke«.

Stubenrein werden

IN DER ERSTEN ZEIT Sie sollten etwa alle zwei Stunden mit Ihrem Welpen rausgehen.

NACH DEM SCHLAFEN UND FRESSEN Vor allem dann ist ein Gang ins Freie wichtig. Sie werden schnell erkennen, wenn er mal muss. Anzeichen hierfür sind Unruhe, der Welpe dreht sich im Kreis und/oder er läuft suchend, schnuppernd und mit gesenkter Nase im Zimmer umher. Sollte trotz aller guten Beobachtung ein Malheur passieren sein, dürfen Sie den Hund keinesfalls strafen. Ein empörtes »Pfui« reicht vollkommen aus. Hat er seine Geschäfte draußen verrichtet, wird er natürlich mit Lob überschüttet, auch wenn es vielleicht für Außenstehende etwas lächerlich wirkt.

Hund und Kind

Russell Terrier sind generell sehr kinderfreundlich. Allerdings lassen sie sich nicht alles gefallen. Zwar wird das Kind vom erwachsenen Hund als Welpe betrachtet, genießt also einen gewissen Sonderstatus in der Behandlung, trotzdem muss es lernen, dass Hunde keine Überraschungen lieben. Spiele wie »Sich-von-hinten-Anschleichen« oder den Hund erschrecken, können zu bösen Unfällen führen. Der Hund braucht seine Ruhezeiten und Rückzugszonen, wo er keinesfalls gestört werden darf. Kinder müssen den Hund als Lebewesen mit eigenen Bedürfnissen und Ansprüchen respektieren. Auch beim Fressen dürfen die Kinder den Hund nicht stören. Lassen Sie nie zu, dass Ihre Kinder den Hund herumkommandieren und versuchen, ihm ihren Willen aufzudrängen.

Ein treuer Begleiter

Schon beim Züchter sollten die Welpen viel Kontakt mit Menschen, insbesondere auch Kindern, haben. Achten Sie also bei der Auswahl des Züchters darauf. Ein Welpe, der in dieser Richtung bereits positive Erfahrungen mitbringt, wird für Ihr Kind ein guter Kumpel und ein nimmermüder Partner für alle möglichen Aktivitäten und Spiele sein.
Kinder können sich bei einem Hund alle Sorgen von der Seele reden, auch Dinge, die sie den Eltern niemals erzählen würden. Sie hören von ihm keine Vorwürfe und keinen Tadel, sondern erhalten Trost.

Es ist sogar wissenschaftlich erwiesen, dass das Streicheln eines Hundes den Blutdruck senkt. Und außerdem gibt es natürlich nichts Gemütlicheres, als mit seinem Vierbeiner zu kuscheln.
Dennoch können Kinder nie die gesamte Verantwortung für einen Hund allein tragen. Teilen Sie jedem Kind seinen Aufgabenbereich zu, der dann in einem festgelegten Rhythmus immer wieder wechselt.

Für einen Welpen ist es gut, wenn er schon beim Züchter positive Kontakte zu kleinen Zweibeinern knüpfen kann.

Was will mir mein Hund sagen?

Auch Hunde können sich mitteilen. Zwar nicht mit Worten, aber in ihrer »Sprache« und mit ihrem Körper und den Sinnen. Um Ihren Hund zu verstehen, müssen Sie ihn genau beobachten. Je stärker Sie sich in seine Lage versetzen, desto mehr Informationen stehen Ihnen zur Verfügung und desto besser können Sie »übersetzen«, was er sagen will.

Vom Winseln bis zum Bellen

Hunde können sich durch ganz unterschiedliche Lautäußerungen mitteilen.

1 Hier sieht man, dass sich der Hund sehr unwohl fühlt. Die Haltung des Menschen signalisiert ihm: Hier stehe ich, ich kontrolliere jede Bewegung.

2 Hier ist der Hund aufmerksam und abwartend. Der Mensch hält ihm die Hand zur Kontaktaufnahme hin und wartet, wie sich der Hund weiter verhält.

› Es ist ein verbreiteter Irrtum, dass ein bellender Hund angriffslustig ist. Die Laute, die er von sich gibt, sind vielleicht direkt an Sie gerichtet, signalisieren aber nicht zwangsläufig eine Bedrohung. Oft dienen sie auch dazu, seinen Sozialverband, also Menschen- oder Hunderudel, zu alarmieren. Die Botschaft kann also eine Warnung sein oder aber auch große Freude ausdrücken, wenn Herrchen oder Frauchen die Leine zur Hand nimmt und der geliebte Spaziergang ansteht.

› Das Knurren ist meist eine Drohung gegenüber Artgenossen. Hat der andere Hund begriffen, dass er eine Grenze überschritten hat und nicht weitermachen bzw. nicht weitergehen darf, ist alles in Ordnung. Sollte dies nicht der Fall sein, werden schon mal die Zähne gezeigt, das Nackenfell gesträubt und das Knurren deutlich lauter und stärker. Hilft dies immer noch nicht, geht der Hund zum Angriff über.

› Winseln ist entweder ein Bettellaut, es kann aber auch ein Ausdruck von Unterwürfigkeit oder eine Schmerzäußerung sein. Um herauszufinden, was Ihrem Hund fehlt, müssen Sie ihn gut beobachten, um zu erkennen, was ihn bedrückt. Im Krankheitsfall bitte unbedingt den Tierarzt aufsuchen.

› Hunde heulen nur, wenn sie z. B. über einen längeren Zeitraum allein gelassen werden. Das sogenannte »Trennungsheulen« hat dieselbe Aufgabe wie das Rudelheulen der Wölfe. Beides bedeutet: »Ich bin hier, wo bist du? Komm zu mir!« Auch Rüden, die normalerweise nicht heulen, können herzzerreißende und lang gedehnte Laute von sich geben. Dies ist oft dann der Fall, wenn sie nicht zu einer läufigen Hündin gelangen können.

Ihr Welpe braucht möglichst oft Schmusestunden, da er ja seine Mama und die Geschwister vermisst. Er sehnt sich nach Gesellschaft, menschlicher Zuwendung und nach Körperkontakt. Geben Sie ihm dies in der ersten Zeit alles sehr reichlich.

Die Stellung in der Familie

Der Hund sieht in seiner Familie einen Sozialverband, in dem er lebt und hoffentlich eine klare Rangordnung findet. Er darf auf keinen Fall eine höhere Rangordnung als der Mensch einnehmen. Einen Hund antiautoritär erziehen zu wollen ist gegen seine Natur und Ursache vieler Probleme. In der Welpenentwicklung liegt die Rangordnungsphase etwa zwischen der 13. und 16. Lebenswoche. Dann folgt mit fünf bis sechs Monaten die Rudelordnungsphase. Hier wird die Stellung in der Familie geklärt, und es beginnt die Zusammenarbeit, wobei sich der Hund Ihnen unterordnen muss. Damit Ihr Hund Sie jetzt als souveränen Rudelführer akzeptiert, sollten Sie immer gelassen, ruhig und überlegen bleiben. Man kann seine ranghöhere Stellung ohne körperliche Auseinandersetzung klarstellen. Sie sind derjenige, der agiert – der Hund reagiert. Sie bestimmen, wann und womit gespielt wird und auch, wann Sie mit ihm kuscheln.

Erziehungsgrundlagen

Bedenken Sie, dass Ihr Vierbeiner schon im Alter von etwa fünf bis sechs Monaten (körperlich) ausgewachsen ist. Bis dahin sollte er die wichtigsten Grundregeln kennen. Russell Terrier sind sehr schlaue Kerlchen, die schnell verstehen, wann es sich lohnt, ein Kommando auszuführen und wann nicht. Haben sie etwas gut gemacht, gibt es schließlich Lob und ein Leckerli.

Die wichtigsten Befehle

Einem Hund muss man eigentlich kein Sitz und Platz beibringen, er kann von Natur aus schon sitzen und sich hinlegen. Sie müssen ihm nur beibringen, es dann zu tun, wenn Sie es wollen. Nützlich für alle »Hörkommandos« ist das gleichzeitige Einüben der »Sichtkommandos«.

Mensch und Terrier bei einer Übungseinheit – Handzeichen für »Sitz«. Nicht immer funktioniert dies gleich so gut wie hier.

Hier bzw. Komm Üben Sie diese Aufgabe zunächst in der Wohnung. Rufen Sie »Hier/Komm«, wenn der Welpe sowieso gerade auf dem Weg zu Ihnen ist. Wenn Sie das Gefühl haben, die Übung funktioniert, verlagern Sie das Ganze nach draußen. Folgt er nicht immer zuverlässig, nehmen Sie eine Schleppleine zu Hilfe (→ Seite 22).

Sitz Die einfachste Übung ist das »Sitz«. Russell Terrier sind kleine Hunde und setzen sich häufig von selbst hin, um Ihr Tun aus bequemer Stellung zu beobachten. Diese Gelegenheit können Sie nutzen und das Kommando »Sitz« geben. Eine andere Möglichkeit ist, sich mit einem Leckerli vor den Hund zu stellen oder zu knien. Bewegen Sie das Leckerli jetzt ganz langsam an der Nase vorbei nach oben. Der Hund verfolgt die Bewegung mit dem Kopf und setzt sich oft automatisch hin. Jetzt schnell das Kommando »Sitz« sagen, das Leckerli geben und loben. Das Sichtkommando für diese Übung ist der erhobene Zeigefinger.

Platz Nach meinen Erfahrungen fällt einigen Russell Terriern diese Übung sehr schwer. Bevor Sie »Platz« trainieren, sollte der Hund das Kommando »Sitz« beherrschen. Der Hund macht »Sitz«, Sie haben ein Leckerli in der Hand, führen dieses an der Nase des Hundes vorbei bis zum Boden. Der Hund wird versuchen, dem Leckerchen zu folgen und sich auf den Boden legen. Erst wenn er liegt, geben Sie das Kommando »Platz« und öffnen die Hand mit dem Leckerli. Hier ist die mit der Handfläche zum Boden zeigende, sich abwärts bewegende Hand das entsprechende Sichtzeichen.

Bei Fuß Bevor Sie mit dieser Übung anfangen, sollte sich Ihr Hund im Spiel auspowern. Dann

Richtig erziehen

Der »Ernst des Lebens« beginnt für das neue Familienmitglied mit dem Einzug. Nun liegt es ganz an Ihnen, wie sich das Zusammenleben für die nächsten Jahre entwickelt. Was Ihr Hund jetzt nicht lernt, bereitet Ihnen später unter Umständen viele Probleme.

Tut gut

- Die Familie muss sich einig sein. Erstellen Sie eine Liste mit den erlaubten und verbotenen Dingen. Konsequenz ist wichtig: Was einmal verboten ist, sollte immer verboten bleiben!

- Machen Sie, über den Tag verteilt, viele kleine, etwa fünf- bis zehnminütige Übungen statt einer langen Einheit.

- Beenden Sie eine Trainingseinheit immer mit einer korrekt abgeschlossenen Übung, damit der Hund das Training positiv in Erinnerung behält.

- Üben Sie zunächst in einer Ihrem Hund bekannten Umgebung und erst später in einem Umfeld, das ihn leicht ablenken könnte.

Besser nicht

- Üben Sie nicht mit dem Hund, wenn Sie gestresst sind oder Ärger hatten. Ihre Stimmung überträgt sich auf den Hund.

- Bestrafen Sie niemals mit Schlägen oder lautem Anschreien. Das Vertrauen Ihres Hundes nimmt dadurch Schaden.

- Erteilen Sie Ihre Anweisungen nicht in langen Sätzen, sondern benutzen Sie kurze, prägnante Befehle wie »Pfui« oder »Aus« und nicht »Jetzt hör aber bitte auf mit diesem Unsinn!«

- Verlangen Sie keine Leistungen, die Ihr Hund noch gar nicht erfüllen kann. Achten Sie also bei allen Übungen immer darauf, dass diese auch altersangepasst sind.

leinen Sie ihn an und nehmen ihn auf die Seite, an der er später gehen soll. Entweder links oder rechts von Ihnen. Nehmen Sie ein Leckerli in die Hand, zeigen Sie es ihm und lassen Sie ihn daran schnuppern. Geben Sie es ihm aber noch nicht. Locken Sie ihn damit neben sich her. Läuft er schön mit, sagen Sie »Fuß«, loben ihn und geben die Belohnung. Wenn Sie das mehrmals täglich in kleinen Einheiten trainieren, wird Ihr Russell Terrier bald aufmerksam an Ihrer Seite laufen. Überfordern Sie ihn aber nicht und üben Sie lieber mehrmals täglich als einmal über einen langen Zeitraum. Junge Hunde können sich nicht sehr lange konzentrieren.

Der richtige Tonfall

Verwenden Sie immer das gleiche Kommando für die jeweiligen Übungen. Das macht es für den Hund einfacher. Er kann die Worte schließlich nicht verstehen, sondern folgt nur dem Tonfall des Wortes. Auch mit der Stimme können Sie loben: Sprechen Sie mit einem eher leisen Tonfall und blicken Sie dabei freundlich lächelnd.
Ihr Gesicht ist für den Vierbeiner ein wichtiger Orientierungspunkt, hier kann er ablesen, wie die Stimmung ist. Allein an Ihrem Gesichtsausdruck kann er erkennen, ob er seine Sache gut gemacht hat. Eine ganz wichtige Sache steht am Ende jeder

Terrierwelpen lernen im Spiel miteinander schon sehr früh den guten »Ton« und können später im Umgang mit anderen Hunden deren Verhalten sicherer einschätzen.

Übung: ein Auflösungskommando. Ein Befehl darf nie vom Hund selbst aufgehoben werden. Entweder geben Sie einen neuen Befehl oder ein Aufhebungswort. Dies kann »Okay«, »Nun lauf«, »Hop Hop« oder jede andere beliebige Kombination sein, nur kein Wort, das Sie für eine Übung verwenden.

Mit tiefer Stimme sprechen

Wird die Stimme dagegen tiefer und der Tonfall barscher, hört der Hund heraus, dass er etwas falsch gemacht hat. Zeigen Sie aber nie Nervosität, Unsicherheit oder gar Wut, wenn mal etwas nicht klappt. Unterbrechen Sie die Übungen immer wieder durch Spiele. Nur mit Geduld, Ausdauer und Zähigkeit erreichen Sie Ihr Ziel. Ihr Russell Terrier muss zu der Einsicht gelangen, dass jeder Versuch, sich Ihrem Willen zu entziehen, aussichtslos ist. Üben Sie deshalb zunächst stets angeleint. Läuft mal eine Übung nicht, schimpfen Sie nicht mit Ihrem Hund. Fragen Sie sich lieber: Was habe ich falsch gemacht? Was kann ich anders machen? Wie könnte es besser funktionieren?

Die Belohnung

Anfangs dürfen Sie ruhig großzügig Leckerlis verteilen. Reduzieren Sie diese aber Schritt für Schritt immer weiter. Ihr Hund wird trotzdem aufmerksam bleiben, da er nie weiß, wann Herrchen oder Frauchen wieder ein Leckerli gibt. Wenn das gewünschte Kommando besonders gut ausgeführt wurde, dann gönnen Sie Ihrem Hund auch mal einen »Jackpot«. Eine besondere Belohnung, die für den Hund überraschend kommt, veranlasst ihn, sich noch mehr anzustrengen. Der Jackpot kann ein Leckerli sein, das Sie ihm sonst selten geben, z. B. Käse- oder Fleischwurstwürfel. Oder aber eine größere Menge eines Leckerlis, das Ihr Hund besonders gern mag.

Welpenschule – Hundeschule

TIPPS VON DER PARSON-RUSSELL-EXPERTIN
Karin Wegner

DIE AUSWAHL Mit der Wahl der richtigen Hundeschule können Sie schon beginnen, bevor Sie Ihren Vierbeiner beim Züchter abholen. Erkundigen Sie sich nach Probestunden, Welpenprägungstagen bzw. wöchentlichen Welpenspielstunden und lernen Sie die Ausbilder kennen.

FACHKUNDIGE ANLEITUNG Die Welpen lernen hier den richtigen Umgang mit anderen Hunden, die ja ganz unterschiedliche Signale senden. Diese Kurse vermitteln aber auch Grundlagen für die Erziehung, Begegnungen mit anderen Hunden und Menschen sowie den richtigen Umgang im Straßenverkehr.

IM ANSCHLUSS AN DEN KURS Es gibt in vielen Schulen die Möglichkeit, einen Junghundekurs zu buchen. Hier wird darauf geachtet, dass ein junger Hund sich kein unerwünschtes Verhalten angewöhnt. In einer guten Schule finden immer wieder Pausen statt, in denen die Hunde nach Herzenslust spielen dürfen. Zu wildes Spiel wird natürlich von einem aufmerksamen Trainer sofort unterbrochen.

Rundum gesund

Optimale Haltung, ausgewogene Ernährung und gute Pflege sind die besten Voraussetzungen, damit Ihr Russell Terrier lange gesund und fit bleibt. Zur Vorbeugung gehören regelmäßige Schutzimpfungen und Entwurmungen. Bei den täglichen Streicheleinheiten sollten Sie auch das Fell nach Parasiten durchsuchen.

Die richtige Kost für Ihren Hund

Um Ihrem vierbeinigen Freund Lebensbedingungen zu bieten, die ihm ein gesundes und glückliches Dasein gewährleisten, sollten Sie großen Wert auf eine ausgewogene Ernährung legen. Beobachten Sie Ihren Hund genau, wie er sich entwickelt, und ändern Sie die Futterzusammenstellung und die Menge entsprechend je nach Alter, Gewicht, Kondition und Aktivität.

Die Verdauung des Hundes kann, ebenso wie die des Menschen, sehr viele Nahrungsformen verwerten. Servieren Sie ihm deshalb zwischendurch auch immer wieder Obst und Gemüse. Hat Ihr Liebling beim Fressen allerdings die Wahl, wird er Fleisch den Vorzug geben.

Achtung Übergewicht!

Ein Russell Terrier sollte natürlich immer schlank sein. Es sollen sowohl die Taille als auch die Wölbung des Brustkorbes sichtbar sein. Bei Übergewicht müssen Sie Ihren Hund mehr bewegen und natürlich die Futtermenge reduzieren.

Als Alternative für Leckerli können Sie Ihrem Russell Terrier Kauknochen aus Büffelhaut anbieten. Dies befriedigt nicht nur sein Kaubedürfnis, sondern reinigt gleichzeitig auch die Zähne.

Regelmäßigkeit und Hygiene

Beim Füttern müssen Sie darauf achten, dass Sie das Fressen immer am selben Platz servieren. Ein ständiger Wechsel sorgt nur für unnötig Stress. Zu kaltes oder zu warmes Futter kann Ihrem Hund auf den Magen schlagen. Das Fressen sollte daher immer Zimmertemperatur haben. Auch auf Hygiene sollten Sie besonderes Augenmerk legen. Saubere Näpfe und ständig frisches Trinkwasser sind Ehrensache für jeden Hundebesitzer!

Eine ausgewogene Ernährung

Das Menü Ihres Vierbeiners können Sie natürlich täglich selbst zusammenstellen. Die Schwierigkeit dabei besteht allerdings in der richtigen Kombination der Grundnährstoffe Eiweiß, Fett und Kohlenhydrate sowie der notwendigen Vitamine und Mineralstoffe. Problemloser und schneller geht es mit einer Fertignahrung.

Richtiges Füttern

Der Zoofachhandel bietet ein vielfältiges Angebot an Fertigfutter. Lassen Sie sich bei der Auswahl beraten.

› Abhängig von den verschiedenen Lebensstadien braucht Ihr Hund ein unterschiedlich zusammengesetztes Futter: In der Wachstumsphase hat er einen hohen Energiebedarf, daher sind in dieser Zeit hohe Protein-, Vitamin- und Mineralanteile wichtig. Ist der Hund ausgewachsen, müssen diese Anteile reduziert werden. Eine Überversorgung führt sonst zu gesundheitlichen Problemen.

› Füttern Sie Ihren Welpen bis zur zwölften Lebenswoche vier- bis fünfmal täglich über den Tag verteilt. Vom dritten bis zum sechsten Lebensmonat geben Sie drei bis vier Mahlzeiten, dann täglich zwei. Ab dem zwölften Monat können Sie die Fütterung auch auf einmal täglich umstellen.

› Hunde verwerten Futter sehr unterschiedlich. Es ist deshalb relativ schwierig, hier eine genaue Angabe zur Futtermenge zu machen. Richten Sie sich zunächst nach den Herstellerangaben auf den Futterpackungen. Stellen Sie Ihrem Hund den gefüllten Napf zehn bis 15 Minuten hin und nehmen Sie ihn dann wieder weg. Ist noch Futter übrig, dann reduzieren Sie die nächste Mahlzeit um diese Menge. Ganz wichtig: Ziehen Sie die Leckerchen immer von der gesamten Futtermenge ab! Damit Ihr Vierbeiner gesund und in Form bleibt, müssen Sie streng auf sein Gewicht achten. Kommt Ihnen Ihr Hund zu dick vor, machen Sie folgenden Test: Streichen Sie seitlich über die Rippen. Sind sie deutlich zu fühlen, aber nicht zu sehen, ist der Hund optimal ernährt. Kann man sie dagegen nicht ertasten, müssen Sie die Futtermenge reduzieren.

› Als Hundebesitzer haben Sie die Wahl zwischen Trocken-, Flocken- und Dosenfutter sowie einem enormen Angebot an Leckereien. Fertigfutter ist zwar aufgeteilt in Welpenfutter, Junior für den heranwachsenden Hund, Adult für den ausgewachsenen und Senior für den Hund ab dem achten Lebensjahr. Dennoch ist es nicht leicht, sich für ein

Gesunde, artgerechte Ernährung von Anfang an ist wichtig für Gesundheit und Wohlbefinden Ihres Russell Terriers.

Produkt zu entscheiden. Bleiben Sie zumindest in den ersten Wochen bei dem Futter, das der Züchter verwendet hat. Bei Fragen lassen Sie sich von Ihrem Tierarzt oder Zoofachhändler beraten.

› Gehen Sie bei einem Futterwechsel langsam vor: Reduzieren Sie täglich den Anteil des gewohnten Futters und erhöhen Sie entsprechend den Anteil des neuen Futters.

› Bei jungen Hunden sollten Sie unbedingt feste Fütterungszeiten einhalten. Später ist dies nicht mehr so wichtig. Halten Sie aber nach dem Fressen immer eine Ruhepause ein, sonst kann es zur gefährlichen Magendrehung kommen.

Unsitte: Betteln bei Tisch

Betteln bei Tisch ist eine Unart. Sobald Sie einmal weich werden, haben Sie verloren. Ihr Hund wird es wieder versuchen. Zudem enthalten Speisereste und Süßigkeiten Fett, Salz, Zucker und Gewürze. Diese sind für Hunde ungeeignet und schädlich.

Getränk

Ihr Vierbeiner hat pro Kilogramm Körpergewicht 40 bis 70 ml Flüssigkeitsbedarf. Eine Schüssel mit frischem und sauberem Wasser sollte immer bereitstehen. Wird Trockenfutter gefüttert, erhöht sich der Bedarf. Trinkt Ihr Hund allerdings übermäßig viel, kann dies ein Krankheitszeichen sein. Lassen Sie dies unbedingt vom Tierarzt abklären. Milch ist kein Getränk für Hunde, denn sie verursacht Durchfall!

Kontrollieren Sie die Verdauung

Kontrollieren Sie täglich den Kot Ihres Hundes. Er sollte fest und nicht schleimig sein. Bei länger anhaltendem Durchfall (mehr als einen Tag) ist ein Tierarztbesuch ratsam. Auch Magenbeschwerden sollten medizinisch abgeklärt werden.

Leckerlis selbst backen

ZUTATEN FÜR ETWA 70 STÜCK

175 ml Magermilchpulver · 125 ml Maisgrieß
50 ml Bulgur · 550 ml Weizenvollkornmehl
375 ml kochendes Wasser · 1 Würfel Hühnerbrühe
250 ml Instant-Haferflocken · 1 Ei, verquirlt

ZUBEREITUNG

Milchpulver, Maisgrieß, Bulgur und Weizenvollkornmehl in einer Schüssel mischen.

Kochendes Wasser in eine große Rührschüssel geben und den Brühwürfel darin auflösen. Die Haferflocken hinzufügen und etwa 5 Minuten ziehen lassen. Das verquirlte Ei unterrühren.

Die trockenen Zutaten nach und nach einrühren, alles gut vermischen. Alles etwa 5 Minuten auf einer bemehlten Fläche kräftig durchkneten.

Den Teig anschließend 6 bis 12 mm dick ausrollen. Mit einer beliebigen Ausstechform Kekse ausstechen und auf ein mit Backpapier bedecktes Backblech legen.

Die Kekse etwa 50 Minuten bei 160 °C im Backofen backen. Die fertigen Kekse über Nacht auskühlen lassen.

Die regelmäßige Fellpflege

Russell Terrier sind kleine, aber robuste Hunde, die mit Begeisterung in der Erde buddeln, durch schmutzige Pfützen toben und sich auch mal in übel stinkenden Haufen wälzen. Damit Ihr Liebling anschließend wieder aufs Sofa darf, muss regelmäßige Pflege sein. Ihr Hund genießt die Zuwendung, und Sie können ihn gleichzeitig auf Parasiten und Verletzungen untersuchen (→ Seite 43).

Badespaß

Normalerweise muss ein Russell Terrier nicht gebadet werden. Aber sollte er sich mal intensiv »parfümiert« haben, heißt es ab in die Wanne. Brausen Sie Ihren Hund mit lauwarmem Wasser ab. Achten Sie darauf, dass dabei nichts in Ohren, Augen und Nase gelangt. Ein spezielles, rückfettendes Hundeshampoo erhalten Sie beim Tierarzt oder im Zoofachhandel. Benutzen Sie nie Haarshampoo, es entzieht dem Fell Fett, und das Hundehaar ist dann nicht mehr vor Nässe und Kälte geschützt. Trocknen Sie Ihren Hund nach dem Baden mit Handtüchern ab. Damit er sich nicht erkältet, muss er im Winter anschließend noch etwa fünf Stunden in der Wohnung bleiben.

Unterwolle und Deckhaar

Der Pflegebedarf beim Russell Terrier hängt in erster Linie vom Haartyp ab. Alle Haarvarietäten haben die gleiche Struktur: Das Haarkleid besteht aus Unterwolle und Deckhaar. Zudem haaren alle Terrier das ganze Jahr über. Die Unterwolle sollte immer gleich sein – kurz, weich und sehr dicht. Das Deckhaar variiert dagegen je nach Haartyp in seiner Länge. Es muss hart und gerade sein. Im Idealfall liegt es dicht am Körper an, wodurch es einen guten Schutz gegen Wind und Wetter bietet. Bürsten Sie Ihren Hund einmal die Woche gründlich. Verwenden Sie aber keine Bürsten, die zu hart oder mit Drahtzinken ausgestattet sind. Diese kratzen die Haut des Hundes auf und machen die Fellpflege für ihn zu einem unangenehmen Erlebnis.

Dreifarbiger, rauhaariger Parson nach der Fellpflege. Stolz präsentiert er sich in seinem gepflegten »Outfit«.

Rauhaarige Russell Terrier sehen ohne regelmäßige Pflege bald aus wie Flaschenbürsten. Einen rauhaarigen Hund sollten Sie daher mehrmals im Jahr trimmen lassen. Dabei werden abgestorbene Haare aus dem Fell entfernt, um es wieder in Form zu bringen. Mit etwas Geduld und Übung können Sie das Trimmen auch selbst lernen. Die notwendigen Pflegewerkzeuge erhalten Sie im Zoofachhandel.

Handtrimmen

Einige Russell Terrier kann man gut mit der Hand trimmen. Wenn das Haar reif ist, geht dies sehr leicht und tut dem Hund nicht weh. Nehmen Sie dazu die Haare zwischen Daumen und Zeigefinger und ziehen Sie sie in Wuchsrichtung raus. Wenn sich das Haar nicht leicht auszupfen lässt, verschieben Sie die Arbeit um eine Woche.

1 UNGETRIMMT Dieser Hund sieht ungepflegt und gar nicht wie ein echter Parson Russell Terrier aus. Hinzu kommt: Nur ein gut gepflegtes und gesundes Fell schützt im Sommer vor Sonne und im Winter vor Kälte. Damit sich die Haare an den Pfoten im Winter nicht zu sehr mit Schnee verkleben, werden hier die überstehenden Haare abgeschnitten.

2 AM NACKEN BEGINNEN Zupfen Sie mit einem Trimmmesser das alte Haar zuerst am Nacken, dann über dem Rücken in Richtung Rute aus. Danach können Sie mit den Schultern, dem Hals, den Läufen und der Rute weitermachen. Am Bauch sollten Sie erst vorsichtig prüfen, ob Ihr Hund das Trimmen zulässt. Wenn nicht, nehmen Sie hier einfach die Effilierschere, um das Fell zu kürzen.

3 ZUM KOPF ÜBERGEHEN Trimmen Sie nun die Haare am Oberkopf bis etwa zur Höhe der äußeren Augenwinkel ab. Das Vorgesicht (Schnauze) wird nur leicht getrimmt, da der Russell Terrier einen schönen Bart behalten soll. Die Haare an den Ohren zupfen Sie einfach mit den Fingern aus. Wenn Ihr Hund nicht mehr ruhig hält, machen Sie ein andermal weiter.

Das Pflege-Einmaleins

Neben der Fellpflege gilt es, Ihr Augenmerk auch auf Zähne, Augen und Ohren des Hundes zu richten.

Augen

Der tägliche Blick auf die Augen Ihres Vierbeiners ist ein Muss. Beim Graben oder Toben durch Büsche und Unterholz können die Augen leicht verschmutzen. Manchmal kommt es aber auch zu schlimmeren Verletzungen. Wird dann sofort tierärztliche Hilfe in Anspruch genommen, bleibt meist kein ernsthafter Schaden zurück. Bildet sich in den Augenwinkeln eitriges gelbes Sekret, oder sind die Bindehäute stark gerötet, suchen Sie bitte ebenfalls den Tierarzt auf. Möglicherweise liegt hier eine Bindehautentzündung vor. Sollten Sie bemerken, dass ein Auge Ihres Hundes ständig tränt, könnte sich ein Fremdkörper im Auge befinden oder der Lidrand verletzt sein. Beides führt zu starker Tränenbildung und muss medizinisch abgeklärt werden.

Ohren

Untersuchen Sie die Ohren Ihres Hundes einmal wöchentlich. Sie sollten sauber sein und nicht riechen. Sind die Ohren schmutzig oder befindet sich viel Ohrschmalz im äußeren Gehörgang, muss dies entfernt werden. Benutzen Sie hierfür ein weiches, feuchtes Tuch. Auf keinen Fall Wattestäbchen verwenden, denn dringt das Stäbchen zu tief in den inneren Gehörgang, besteht Verletzungsgefahr. Die Reinigung beschränkt sich immer auf den sichtbaren Teil des Ohres. Sie können sich beim Tierarzt auch einen flüssigen Ohrreiniger besorgen. Dieser wird in das Ohr eingebracht. Anschließend müssen Sie von außen das Ohr massieren, damit sich die Flüssigkeit gut verteilt und einwirken kann. Der Ohrreiniger löst Schmutz und Ohrschmalz auch in den tieferen Ohrregionen. Schüttelt Ihr Hund häufig den Kopf, kratzt sich an den Ohren und jammert dabei,

Ein gesundes Hundeauge tränt nicht, ist frei von Schmutz und weist keine Rötungen der Bindehaut auf. Achten Sie bei der regelmäßigen Kontrolle immer auf Auffälligkeiten.

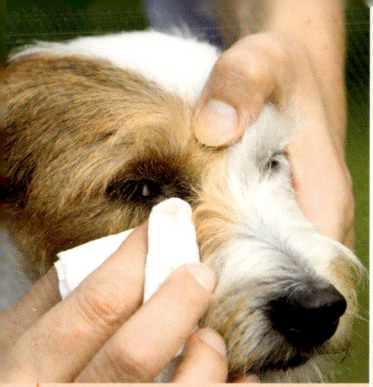
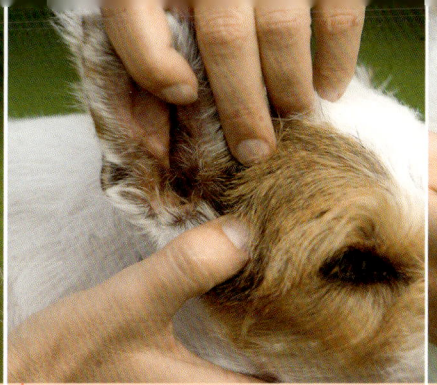
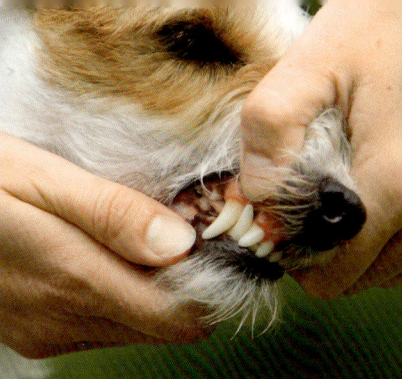

1 AUGEN Das Auge muss immer sauber sein. Ablagerungen oder Schmutz wischen Sie mit einem weichen Lappen oder Papiertuch Richtung Nase ab.

2 OHREN Reinigen Sie wöchentlich das äußere Ohr mit einem weichen Tuch. Dringen Sie dabei nicht zu tief ins Ohr ein und verwenden Sie auf keinen Fall Wattestäbchen.

3 ZÄHNE Prüfen Sie, ob sich übermäßig Zahnstein bildet, der zu Entzündungen führen kann und vom Tierarzt entfernt werden sollte.

dann leidet er eventuell unter Ohrenmilben. Vom Tierarzt abklären lassen. Bei einer rechtzeitigen Behandlung entstehen keine ernsthaften Probleme.

Zähne und Zahnfleisch

Kontrollieren Sie wöchentlich die Schneide- und Backenzähne. Ist der Hund im Zahnwechsel – dieser beginnt mit vier bis fünf Monaten –, sollten Sie immer wieder prüfen, ob alle alten Zähne ausfallen. Ansonsten kann es später zu Zahnfehlstellungen kommen. Fragen Sie in diesem Fall Ihren Tierarzt um Rat. Die Zähne im Milchgebiss sind nicht so fest verankert wie beim erwachsenen Hund, verzichten Sie deshalb in dieser Zeit auf heftige Zerrspiele. Bei den zweiten Zähnen müssen Sie auf die richtige Stellung achten. Manchmal kommt es zu Problemen, wenn der untere Eckzahn nicht außen am Kiefer vorbeigeschoben wird, sondern zu eng nach innen steht und dann oben in den Kiefer wächst. Das größte Problem beim Hundegebiss ist der Zahnstein! Zur Vorbeugung können Sie zweimal wöchentlich die Beißerchen Ihres Hundes putzen. Hierfür finden Sie im Zoofachhandel spezielle Hun-

dezahnpasta und auch geeignetes Putzwerkzeug. Leider ist Zahnstein nicht nur ein optischer Makel, sondern kann durch die vielen darin nistenden Bakterien auch ein Krankheitsherd sein, der innere Organe, z. B. das Herz, angreift und schwächt. Bringt die regelmäßige Pflege nicht den gewünschten Erfolg, oder lässt Ihr Hund das Putzen nicht zu, muss der Tierarzt helfen. Er wird den Hund in Narkose legen und den Zahnstein mit Ultraschall entfernen. Bitte versuchen Sie nie, den Zahnstein durch Kratzen zu entfernen! Dies verursacht irreparable Schäden auf der Zahnoberfläche.

Krallen und Pfoten

Kontrollieren Sie die Krallen und Pfoten regelmäßig. Bei viel Auslauf auf hartem Boden brauchen Sie die Krallen normalerweise nicht zu schneiden. Wenn Sie unsicher sind, fragen Sie Ihren Tierarzt um Rat. In den Sommermonaten prüfen Sie den Bereich zwischen den Zehen auf Grassamen und in den Wintermonaten auf Streugut. Nach Spaziergängen auf Wegen, auf denen im Winter gesalzen wird, waschen Sie die Pfoten mit lauwarmem Wasser.

Gesundheitscheck und Vorsorge

Damit Ihr Hund lange fit und gesund bleibt, ist neben einer guten Pflege und optimalen Ernährung auch die medizinische Vorbeugung notwendig. Hierzu gehören der jährliche Check-up beim Tierarzt, Impfungen sowie vierteljährliche Entwurmungen.

Alarmzeichen

Beobachten Sie Ihren Hund genau. Stellen Sie Veränderungen des Felles, Gewichtsschwankungen, üblen Mundgeruch, Hautveränderungen, plötzliche Verhaltensänderungen, Lahmheit und Bewegungs-

unlust, Durchfall oder Erbrechen sowie Appetit- und Teilnahmslosigkeit fest, kann dies auf eine ernste Erkrankung hinweisen.

Impfungen

Impfungen schützen Ihren Hund vor möglicherweise tödlich verlaufenden Viruserkrankungen. Außerdem sind sie Voraussetzung für die Teilnahme an allen Veranstaltungen rund um den Hund sowie Reisen ins Ausland (→ Seite 59). Durch die Impfung entwickelt der Hund nach einigen Wochen

»Powerpakete« im wilden Spiel: Wenn Ihre Russell Terrier so richtig toben und ihre Lauffreude voll ausleben, geht es ihnen rundum gut.

Abwehrkräfte. Nur ein gesunder Hund, der frei von Würmern und Flöhen ist, sollte geimpft werden. Empfohlen sind Impfungen gegen Tollwut, Staupe, Hepatitis, Leptospirose, Parvovirose und Zwingerhusten (→ Impfkalender, rechts).

Zecken

Zecken leben im Gras und auf Büschen. Von dort fallen sie den Hund an und beißen sich in der Haut fest. Zecken sollten Sie immer entfernen. Benutzen Sie hierfür eine Zeckenzange. Drehen bzw. hebeln Sie die Zecke damit vorsichtig heraus, ohne den Körper zu quetschen. Achten Sie darauf, dass auch der Kopf entfernt wird. Versuchen Sie die Zecke weder mit Alkohol noch mit Öl abzutöten. Beides bewirkt nur, dass der Parasit ein Sekret (Speichel) in den Körper des Hundes spritzt und damit die gefährlichen Erreger der Borreliose überträgt. Die Symptome der Borreliose machen sich im Wesentlichen durch eine Rötung der Bissstelle bemerkbar. Diese ist erstmals einen Tag nach dem Biss zu beobachten und bleibt für etwa eine Woche bestehen. Später kommt es häufig zu Entzündungen und Lahmheit. Borreliose kann normalerweise gut mit Antibiotika behandelt werden.

Flöhe

Kratzt sich Ihr Hund sehr häufig, kann es sein, dass er sich Flöhe eingefangen hat. Kämmen Sie ihn mit einem Flohkamm und klopfen Sie diesen auf einem weißen Tuch aus. Finden sich schwarze Körnchen, handelt es sich um Flohkot. Ihr Tierarzt hat wirksame Mittel gegen Flöhe sowie Umgebungssprays. Die beste Flohabwehr ist zunäct, gründlich zu saugen und die Hundedecken in der Waschmaschine zu reinigen. Denn Flöhe, Eier und Larven befinden sich z. B. auch im Hundekörbchen oder Teppich.

Würmer

Alle Hunde können von Spul-, Haken- und Bandwürmern befallen werden, die auch auf den Menschen übertragbar sind. Daher ist die Entwurmung sehr wichtig und sollte spätestens alle drei Monate durchgeführt werden. Präparate gegen Würmer sind verschreibungspflichtig, daher erhalten Sie diese nur vom Tierarzt.

Impfkalender für Ihren Russell Terrier	
ALTER	GRUNDIMMUNISIERUNG/ IMPFUNG GEGEN
7. BIS 9. WOCHE	Parvovirose, Staupe, Leptospirose, Hepatitis, Zwingerhusten (diese Impfungen erhält der Welpe schon beim Züchter)
12. WOCHE	Parvovirose, Staupe, Leptospirose, Hepatitis, Zwingerhusten, Tollwut
16. WOCHE	Parvovirose, Staupe, Leptospirose, Hepatitis, Zwingerhusten plus Tollwut
Jetzt ist die Grundimmunisierung abgeschlossen und der Hund muss einmal jährlich seine Impfungen beim Tierarzt auffrischen lassen.	

Die häufigsten Erkrankungen

Russell Terrier sind robuste kleine Hunde und haben selten mit gesundheitlichen Problemen zu kämpfen. Neben einer ausgewogenen Ernährung ist ein regelmäßiger Auslauf des Hundes für die Gesundheit wichtig. Sie sollten zu viel bzw. zu wenig Bewegung ebenso vermeiden wie Überfütterung. Denn Dickleibigkeit ist eine der Hauptursachen für viele Gesundheitsprobleme. Werden Krankheitssymptome früh genug erkannt, lassen sich die meisten gut behandeln.

Analdrüsen Von Zeit zu Zeit müssen die Analdrüsen behandelt werden. Die beiden Drüsen am After blockieren manchmal, was Sie daran erkennen, dass der Hund versucht, das Hinterteil zu lecken. Häufig rutscht Ihr Hund dann auch mit dem Po am Boden entlang. Durch einen leichten Druck kann

Der Eindruck täuscht. Diese beiden konzentriert blickenden Russell Terrier sind keineswegs träge, sondern warten nur auf ihren Einsatz.

der Tierarzt die Drüsen leeren. Wenn die Probleme immer wiederkehren und starke Entzündungen auftreten, kann der Tierarzt die Drüsen durch einen chirurgischen Eingriff entfernen.

Fieber Die Normaltemperatur beträgt beim Hund 38 bis 38,5 °C. Hat Ihr Hund Fieber, kann dies auf eine Infektion, eine Entzündung, eine Vergiftung oder eine allergische Reaktion hindeuten. In diesem Fall gehen Sie bitte sofort zum Tierarzt.
Das Fieber messen Sie im After des Hundes. Benutzen Sie dazu ein schnell reagierendes, digitales Thermometer, denn Ihr Hund wird versuchen, sich möglichst schnell aus dieser Situation zu befreien. Entgegen der landläufigen Meinung sagt es nichts über den Gesundheitszustand Ihres Lieblings aus, ob sich seine Hundenase kalt oder warm anfühlt.

Husten Hier gilt: Je schneller der Hund behandelt wird, desto zügiger seine Genesung und desto weniger Komplikationen. Ihr Tierarzt muss unbedingt abklären, ob der Husten auf eine Verengung, einen Fremdkörper oder eine Infektion zurückzuführen ist. Lässt man den Husten unbehandelt, könnte die Erkrankung schlimmer werden.

Durchfall oder Erbrechen Bei Durchfall und/oder Erbrechen sollte Ihr Hund 24 Stunden fasten. Haben sich die Symptome nicht gebessert – oder sind vielleicht sogar noch schlimmer geworden –, gehen Sie sofort zum Tierarzt.

Vergiftung Leidet Ihr Hund unter Erbrechen in Verbindung mit Schäumen aus dem Mund und starkem Speicheln liegt möglicherweise eine Vergiftung vor. Sofort zum Tierarzt!

Verstopfung Kann Ihr Hund keinen Kot absetzen, geben Sie ihm viel Wasser zu trinken. Stellt sich nach 24 Stunden keine Besserung ein und kommt noch Erbrechen und Apathie hinzu, liegt eventuell ein lebensgefährlicher Darmverschluss vor. Beim ersten Verdacht gehen Sie sofort zum Tierarzt!

Blasenentzündung Muss Ihr Russell Terrier häufig zum Wasserlassen nach draußen, sollten Sie vom Tierarzt abklären lassen, ob eine Entzündung der Blase vorliegt.

Erbkrankheiten

Bei Russell Terriern, die Sie vom Züchter kaufen, können Sie sicher sein, dass die Elterntiere auf folgende Erbkrankheiten untersucht wurden:

Patellaluxation Eine luxierte Kniescheibe (Patella) ist eine ausgerenkte Kniescheibe, die immer wieder aus ihrer natürlichen Halterung herausrutscht. Patellaluxation kommt meist bei Hunden vor, deren Bänder, Sehnen und/oder Muskeln in den Hinterbeinen schwach oder deren Ober- und Unterschenkelknochen nicht gerade sind. Sie tritt aber auch bei Tieren auf, deren Rille im Kniegelenk zu schmal oder zu flach ist.

Augenkrankheiten Zuchttiere werden durch anerkannte Tieraugenärzte auf erbliche Augenkrankheiten wie z. B. die Progressive-Retina-Atrophie, den erblichen Katarakt und die Linsenluxation untersucht. Diese Untersuchungen erfolgen jährlich zwischen dem ersten und sechsten Lebensjahr.

Taubheit einseitig oder beidseitig Angeborene Taubheit bei Hunden findet man meist in Verbindung mit Genen der Weißpigmentierung. Aber auch Formen erworbener Taubheit sind möglich. Ist sie nur einseitig, erfolgt die Diagnose durch einen audiometrischen Test. Bei diesem elektro-diagnostischen Test werden die elektrischen Aktivitäten als Antwort auf eine Stimulanz mit Nadel-Elektroden und einem Computer auf der Kopfhaut gemessen.

Merkmale des **Alterns**

TIPPS VON DER PARSON-RUSSELL-EXPERTIN
Karin Wegner

DER ALTERUNGSPROZESS Wann er einsetzt, ist von vielerlei Faktoren abhängig. Kleine Hunderassen haben meist eine längere Lebenserwartung, durchtrainierte Hunde bleiben länger fit, übergewichtige Hunde dagegen altern früher. Der Übergang zwischen normaler Alterserscheinung und krankhafter Veränderung ist bei vielen Hunden fließend. Meist bemerken Sie zunächst eine Verschlechterung von Gehör, Sehleistung, Geruch, Geschmack und Gedächtnis. Aufgrund von Verschleißerscheinungen am Bewegungsapparat möchte Ihr einst so agiler Vierbeiner nun weniger toben und spielen. Meist wird er auch krankheitsanfälliger.

DER ÄLTERE HUND Er braucht vermehrte Aufmerksamkeit und Zuwendung. Neben den jährlichen Untersuchungen kann auch eine spezielle Futterumstellung dazu beitragen, das Leben des Hundes zu verlängern. All dies kann den Alterungsprozess zwar nicht aufhalten, aber es kann Ihrem Russell Terrier die altersbedingten Beschwerden ein wenig erleichtern und ihn so länger gesund erhalten.

Hundenachwuchs steht ins Haus

Um ein glückliches und gesundes Leben zu führen, ist es für Ihre Hündin nicht wichtig, Welpen geboren zu haben. Sollten Sie sich dennoch zum Züchten entschlossen haben, bedenken Sie, dass es dabei nicht um planlose Vermehrung geht. Vielmehr sollen die positiven Eigenschaften der Russell Terrier gefestigt bzw. erhalten werden.

Für die Hundezucht braucht man sehr viel Zeit, den geeigneten Platz und eine Portion Idealismus. Erwarten Sie nicht, dass Sie damit Geld verdienen können. Ganz im Gegenteil, ein guter Züchter zahlt meistens drauf.

Die Läufigkeit

Hündinnen werden im Alter von sechs bis zwölf Monaten geschlechtsreif, das heißt, die Hündin wird läufig. Die Läufigkeit tritt zwei- bis dreimal jährlich auf und dauert in der Regel 21 Tage. Am ersten Tag der Läufigkeit beginnt die Hündin zu »färben«, das heißt, sie hat blutigen Ausfluss, der

Optimale Aufzucht – Hundemama mit ihren Welpen beim Spielen im Garten. Hier lernen die Kleinen schon im frühen Welpenalter verschiedene Bodenverhältnisse kennen.

später cremefarben bis farblos wird, abnimmt oder ganz aufhört. Zudem schwillt die Scheide an. Etwa in der Mitte dieses Zeitraumes liegt der Eisprung. Während dieser Zeit ist die Hündin empfängnisbereit. Da aber jede Hündin ihren eigenen Rhythmus hat, sollten Sie sie während der Läufigkeit nicht aus den Augen lassen, damit es keinen ungewollten Nachwuchs gibt. Wenn Sie überlegen, Ihre Hündin kastrieren zu lassen, besprechen Sie das Für und Wider bitte mit Ihrem Tierarzt.

Die Trächtigkeit

Die Trächtigkeit dauert etwa 63 Tage. In den ersten vier bis fünf Wochen der Trächtigkeit verändern sich die Ansprüche der Hündin wenig.
Etwa fünf Wochen nach der Befruchtung können Sie die ersten körperlichen Veränderungen wahrnehmen: Die Zitzen schwellen an. Nun dürfen Sie die Futtermenge der Hündin etwas erhöhen. Sinnvoll ist jetzt ein Spezialfutter für tragende und säugende Hündinnen. Die Mahlzeit sollte auf eine Portion morgens und eine abends aufgeteilt werden.
Ab der siebten Woche stellen Sie die Wurfkiste an den dafür vorgesehenen Platz. So kann sich die Hündin langsam daran gewöhnen. Die Wurfkiste muss genügend Platz haben, damit die Hündin voll ausgestreckt bequem liegen kann und noch ausreichend Raum für die Welpen bleibt.

Die Geburt

Die Geburt beginnt mit den Eröffnungswehen, die einige Stunden dauern können. Es folgen Presswehen und schließlich das Auspressen des Welpen. In der Regel öffnet die Hündin die Fruchtblasen allein, nabelt die Welpen ab und leckt sie trocken. Vergewissern Sie sich dennoch, dass Ihr Tierarzt für den Notfall erreichbar ist.

1 Ein Welpe im Alter von acht Tagen. Er kann noch nicht hören und auch nicht sehen. Lange dauert es aber nicht, bis alle Sinne entwickelt sind.

2 Hier dürfen die kleinen Racker noch einmal an die leckere »Milchbar« der Mama. Bei älteren Welpen legt sich die Hündin dann nicht mehr hin.

3 Diese Welpen gehen schon allein auf Entdeckungstour. Die Hundemama beobachtet aber im Hintergrund das Geschehen, um bei Gefahr einzugreifen.

Die Welpen

Die Welpen werden völlig blind und taub geboren. In der ersten Zeit haben sie außer Saugen und Schlafen nichts im Sinn. Wenn sich ab dem 10. bis 14. Tag die Augen und Ohren öffnen, beginnt eine aufregende Zeit. Etwa ab dem 28. Tag erkunden die Kleinen ihre Umgebung. Sie raufen, spielen und bekommen ihre erste feste Nahrung. Viel Kontakt mit Menschen ist nun wichtig.

Sport und Spaß

Der quirlige Russell Terrier braucht ausreichend Bewegung und sinnvolle Beschäftigung. Mit immer gleichen Aufgaben gibt er sich nicht zufrieden. Schon die Kombination kleiner Spieleinheiten schafft neue Anreize. Auch sportliche Aktivitäten bieten jede Menge Abwechslung.

Arbeitswillige Gesellen

Den Russell Terriern liegt das Arbeiten im Blut. Wenn Sie ihm keine Aufgaben stellen, wird er selbst für Ablenkung sorgen, um der Langeweile zu entkommen. Die selbst gewählten Ersatzbeschäftigungen entspringen häufig seinem Jagdbeutetrieb. Er jagt gern hinter allem her, was sich bewegt, ganz egal ob dies nun Vögel, Kaninchen, Jogger oder Radfahrer sind. Mit Leidenschaft nimmt er auch umfangreiche Grabungen im Garten vor oder steckt überschüssige Energie in wilde Raufereien, Zerren, Schütteln und Reißen an der »Beute«. Lenken Sie deshalb das Potenzial Ihres Hundes in geregelte Bahnen. Nur so vermeiden Sie Probleme mit anderen Hundehaltern oder den Nachbarn.

Treue Partner

Damit Ihr Russell Terrier gar nicht erst auf »dumme« Gedanken kommt, müssen Sie sich sinnvolle Beschäftigungsmöglichkeiten einfallen lassen. Das Wichtigste bei alledem ist für ihn aber: mit Ihnen zusammenzusein!

Achten Sie bitte immer darauf, dass Sie den Hund nicht überfordern und die aufgestellten Spielregeln eingehalten werden. Bei Zerrspielen sollten immer Sie als Sieger hervorgehen. Andernfalls verliert der Hund schnell den Respekt vor Ihnen.

Bevor Sie sich auf Hundeplätzen den angebotenen Aktivitäten anschließen, prüfen Sie sehr genau, ob Ihnen die jeweiligen Ausbilder kompetent erscheinen. Sind Sie nicht überzeugt, suchen Sie weiter, bis Sie die für sich und Ihren Russell Terrier passende Hundeschule bzw. den geeigneten Hundeverein gefunden haben. Nichts ist so wichtig bei der Ausbildung Ihres Russell Terrier wie ein Ausbilder, der sich mit Terriern auskennt oder sich in diese Rassen auch »einfühlen« kann.

Richtig beschäftigen

Spielen muss sein! Hunde, die schon sehr früh verschiedene Beschäftigungsmöglichkeiten kennengelernt haben, besitzen als Erwachsene ein ausgeprägtes Reaktionsvermögen und kommen besser mit ungewohnten Situationen zurecht. Je mehr Sie sich mit Ihrem Hund spielerisch beschäftigen und ihm dabei Erfolgserlebnisse vermitteln, desto mehr wird er sich auch auf seinen Menschen als besten Kumpel konzentrieren. Er will die Beachtung und Anerkennung und macht daher gern Dinge, von denen er weiß, dass Sie in großen Jubel ausbrechen, ihn knuddeln oder ihm Leckerchen geben.

Allerdings sollten Sie Ihrem Vierbeiner von Beginn an seine Grenzen aufzeigen: Ziehen an der Kleidung oder zu festes Zwicken sind tabu! Schlägt Ihr Welpe über die Stränge, sollten Sie das Spiel sofort abbrechen oder seine Aufmerksamkeit auf ein Hundespielzeug lenken.

Das richtige Spielzeug

Im Zoofachhandel finden Sie reichlich Auswahl an geeigneten Spielsachen. Hartgummispielzeug stillt besonders im Zahnwechsel das Kaubedürfnis der Hunde. Gleichfalls zum Benagen geeignet ist ein Gummiball, der in einer alten Socke versteckt wird. Einige Hunde kauen nicht nur, sondern verbringen viel Zeit damit, den Ball herauszufischen. Papprollen, z. B. von Küchen- oder Toilettenpapier, sind ebenfalls ein super Spielzeug für Russell Terrier. Die Rollen werden in tausend Teile zerlegt und im Zimmer verteilt. Als Ersatzbeute können Sie Ihrem Hund zusammengeknotete alte Tücher anbieten, die mit großem Elan »totgeschüttelt« werden. Lustig ist auch ein Parcours zum Durchlaufen oder »Tastfelder« aus verschiedenen Materialien. Hier sind Ihrer Fantasie keine Grenzen gesetzt: Nehmen Sie eine alte Matratze, Plastikfolien und/oder Schaumstoff. Locken Sie Ihren Welpen mit seinem Lieblingsspielzeug über den ungewohnten Untergrund und lassen Sie dem Kleinen immer viel Zeit zum Schnuppern.

Das Apportieren eines Wurfholzes macht allen Terriern ganz besonderen Spaß. Hierbei können sie ihre Lernfähigkeit besonders zeigen.

1 INTELLIGENZSPIELE Der Zoofachhandel bietet sie in vielen Varianten an. In diesem Brettspiel muss der Hund versteckte Leckerlis erschnuppern.

2 FUTTERBÄLLE Sie sind im Zoofachhandel erhältlich. Beim Spiel fallen durch kleine Öffnungen immer mal wieder Futterstückchen heraus, die Sie vorher darin versteckt haben.

3 HÜTCHEN Sie stehen auf dem Boden. Darunter haben Sie zuvor ein Leckerchen versteckt. Ihr Russell Terrier muss herausfinden wo.

Spiele für drinnen

> In der Wohnung können Sie mit Ihrem Russell Terrier alle Erziehungsübungen ohne Ablenkung üben. Zudem gibt es tolle Spiele und eine Reihe an Spielsachen wie Intelligenzspiele oder Futterbälle, die die Russell Terrier beschäftigen.

> Wie wäre es zudem mit einer kleinen Spurensuche? Verstecken Sie einen Leckerbissen hinter dem Sofa oder unter einem Teppich oder einem umgedrehten Blumentopf und schicken Sie den Russell Terrier auf die Suche. Wählen Sie anfangs aber Verstecke, die er leicht finden kann, und erhöhen Sie mit der Zeit den Schwierigkeitsgrad, indem Sie Kurven einbauen oder besonders schwierige Verstecke wählen. Der »Jackpot« am Ende der Übungen sollte immer besonders köstlich sein, z. B. ein Käsehäppchen, in jedem Fall aber etwas Außergewöhnliches.

> Kleinen Welpen können Sie auch mit altem Papier eine große Freude bereiten. Rascheln Sie mit Ihrer Hand unter einem Berg zusammengeknäulter Zeitungen. Sie werden sehen, wie begeistert Ihr Russell Terrier zu suchen beginnt.

Spiele für draußen

Ihr Russell Terrier ist ein wahres Energiebündel, daher bereitet ihm alles Freude, was er an Ihrer Seite erleben kann. Wichtig für alle Aktivitäten im Freien: Meiden Sie im Sommer die Mittagshitze, wählen Sie lieber die kühleren Morgen- bzw. Abendstunden.

> Gemeinsames Spazierengehen ist zwar gut, besser ist aber, wenn man nicht nur nebeneinander hergeht, sondern sich miteinander beschäftigt. Umgestürzte Baumstämme finden sich bei jedem Spaziergang im Wald. Sie bieten eine gute Möglichkeit, das Gleichgewicht zu trainieren. Lassen Sie Ihren Hund über den Baumstamm balancieren, während Sie an seiner Seite gehen.

> Auch Versteckspiele sind sehr spannend. Hier darf Ihr Hund anfangs noch beobachten, wo Sie etwas verstecken. Schwieriger wird es, wenn Sie ihn ablenken und er dann auf die Suche geschickt wird. Hat er das »Vermisste« gefunden, vergessen Sie nicht zu loben!

> Während eines Spaziergangs können Sie einfach »nur mal so« sein Lieblingsspielzeug fallen lassen.

Gehen Sie ruhig weiter. Halten Sie Ihren Hund an, das Gleiche zu tun, auch wenn er es bemerkt hat. Nach ein paar Metern oder auch nach einer längeren Strecke, abhängig vom Leistungsvermögen Ihres Hundes, schicken Sie ihn zurück, um das Spielzug zu suchen. Sie selbst tun so, als ob Sie Ihren Spaziergang unbeirrt fortsetzen. Werfen Sie aber immer wieder einen Blick über die Schulter, um Ihren Hund im Auge zu behalten.

› Stöbern ist für die Russell Terrier das höchste der Gefühle. Verstecken Sie dazu sein Lieblingsspielzeug in einem Laubhaufen oder vergraben Sie es ein wenig unter der Erde.

› Beim Fährtenspiel binden Sie Ihren Hund zunächst an einem Baum an oder Sie bitten eine zweite Person, kurz auf ihn aufzupassen. Dann markieren Sie in gerader Linie eine kleine Fährte von etwa drei bis fünf Metern. Den Anfangspunkt markieren Sie mit einem kleinen Stöckchen oder etwas Ähnlichem. Dann gehen Sie rückwärts und legen in Fußabständen ein sehr kleines Leckerli. Am Ende platzieren Sie den »Jackpot«. Die Fährte muss nun etwa 20 Minuten einwirken und sollte nicht verwischt werden. Gehen Sie nun mit dem angeleinten Hund an den Anfangspunkt und lassen Sie ihn die Spur absuchen. Beachten Sie dabei, dass der Hund auf der Spur bleibt. Am Ende wartet dann die verdiente Belohnung.

› Fast alle Russell Terrier lieben das Schwimmen und sind richtige Wasserratten. Achten Sie darauf,

Frisbee spielen ist eine heiß geliebte Freizeitbeschäftigung. Fangen Sie mit kleinen Trainingseinheiten an.

Zerrspiele machen Ihrem Russell großen Spaß. Beim Welpen mit Milchgebiss noch nicht zu stark ziehen!

dass Ihr Hund nicht in zu starke Strömungen gerät. Das Ufer sollte nicht zu steil sein, damit er ohne Hilfe wieder an Land kommen kann.

› Eine weitere große Leidenschaft ist das Buddeln! Stellen Sie ihm hierfür am besten eine ungenutzte Ecke Ihres Gartens zur Verfügung, in der er hemmungslos graben darf.

› Einige Hunderassen apportieren alles, was sie sehen. Dies ist beim Russell Terrier nicht der Fall. Hier müssen Sie mit Belohnungen und Leckerlis erst Überzeugungsarbeit leisten. Russell Terrier sind ausgeprägte Jagdhunde. Sie jagen jedem beweglichen Gegenstand nach. Schwierig wird es allerdings, wenn er seine Beute auch wieder zurückbringen soll.

Wählen Sie das Kommando »Hol's«, wenn Sie das Spielzeug werfen und der Hund ihm nachrennt. Wiederholen Sie dieses Kommando mehrfach, wenn er zu Ihnen zurückkommt. Lenken Sie ihn dabei nicht zu sehr ab, ansonsten wird er den Gegenstand vorher fallen lassen, anstatt ihn zu bringen. Ist er, mit Gegenstand, bei Ihnen angekommen, müssen Sie ihn überschwänglich loben. Dann werfen Sie den Gegenstand erneut. Mit der Zeit wird Ihr Hund mit Begeisterung mitmachen und viel Freude an diesem Spiel haben.

Zu temperamentvolles Spielen

Manchmal führen Temperament und Veranlagung zu Problemen. Ich möchte hier besonders die Aggression gegen andere Hunde erwähnen. Diese zeigt sich häufig, wenn die Hunde an der Leine sind. Angst gegenüber neuen Umweltreizen tritt oft dann auf, wenn die Welpen in der Scheune oder im Zwinger gehalten wurden. Bei allen Verhaltensauffälligkeiten holen Sie sich kompetenten Rat beim Tierarzt oder in einer guten Hundeschule.

Jagdverhalten unterbinden!

TIPPS VON DER PARSON-RUSSELL-EXPERTIN
Karin Wegner

BEIM FAMILIENHUND Hier führt ein ausgeprägtes Jagdverhalten zu großen Schwierigkeiten. Ein jagender Hund kann abgeschossen werden oder vor ein Auto rennen. Bei falscher Erziehung beschränkt sich der Jagdinstinkt nicht nur auf Wildtiere, sondern überträgt sich auch auf Jogger, Fahrradfahrer, laufende Kinder und fahrende Autos. Damit es nicht so weit kommt, müssen Sie dieses Verhalten frühzeitig unterbinden und die Befehle »Hier« und »Platz« verlässlich einüben.

AUSPRÄGUNG Wie stark der Jagdinstinkt ist, richtet sich natürlich auch nach der individuellen Veranlagung. Als Erstes müssen Sie lernen, sich auf Spaziergängen auf Ihren Hund zu konzentrieren. Und zwar nicht nur auf das, was er macht, sondern auch auf die Umgebung. Sehen Sie etwas, das er möglicherweise jagen möchte, leinen Sie ihn frühzeitig an. Leinen Sie ihn auch an, wenn Sie nichts Verdächtiges entdecken können, aber Ihr Hund mit suchendem Blick umherläuft und die Nase in den Wind reckt oder intensiv auf dem Boden schnüffelt. Hetzt Ihr Hund ersteinmal los, haben Sie kaum noch eine Chance.

Sportsfreund Hund

Die gute Kondition der Russell Terrier macht sie zu idealen Begleitern für unzählige Sportarten. Durch ihr aufgeschlossenes Wesen können Sie die Tiere auch problemlos auf Reisen mitnehmen.

Radfahren

Gewöhnen Sie schon Ihren jungen Hund ans »Radeln«, indem Sie einen speziellen Fahrradkorb kaufen und den Welpen darin mitnehmen. Mit etwa acht Monaten lernt der Hund dann an der Leine rechts neben dem geschobenen Fahrrad zu laufen. Klappt diese Übung gut, beginnen Sie langsam zu fahren, bauen Kurven und Tempowechsel ein. Auch das Anhalten und Weiterfahren wird eingeübt. Überanstrengen Sie Ihren Hund dabei aber bitte nicht. Beginnen Sie langsam mit fünf- bis zehnmi-

Dieser Hund läuft schon perfekt neben seinem Frauchen her. Das macht Spaß und hält beide so richtig fit.

nütigen Fahrten, die allmählich gesteigert werden. Passen Sie auch immer auf, dass er trabt und nicht galoppiert, in diesem Fall unbedingt das Tempo verlangsamen. Pausen und Wasser nicht vergessen!

Joggen

Folgt Ihr Hund, können Sie ihn ohne Leine neben sich laufen lassen. Sollte dies noch nicht der Fall sein, gibt es im Zoofachhandel spezielle Leinen, die man sich um den Bauch binden kann.

Wandern

Ein erwachsener Russell Terrier wird gern gemeinsam mit Ihnen die Natur erleben. Für einen jungen Hund legen Sie sich einen Hunderucksack zu (aus dem Zoofachhandel). Hier stecken Sie den Kleinen hinein, wenn er müde ist. Er kann dann auf Ihrem Rücken ausruhen. Ihrem Russell Terrier ist es dabei ganz egal, ob es übers flache Land oder in die Berge geht, auch am Strand wird er begeistert mit Ihnen marschieren. Machen Sie immer wieder Pausen, und bieten Sie ihm sauberes und frisches Wasser an, das Sie in einer Flasche von zu Hause mitgebracht haben. Wassernäpfe für unterwegs gibt es im Zoofachhandel.

Reitbegleithund

Träumen Sie davon, mit Pferd und Hund durch Wald und Flur zu streifen? Von ihrer körperlichen Konstitution her sind die Russell Terrier ideale Begleithunde. Sie sind lauffreudig, ausdauernd und können auch längere Distanzen im Trab neben dem Pferd laufen. Idealerweise wurde Ihr Hund bereits als Welpe an Pferde oder Ponys gewöhnt. Lassen

Wasserscheu sind die meisten Russell Terrier mit Sicherheit nicht. Ganz im Gegenteil: Haben sie ersteinmal einen See oder Flusslauf entdeckt, gibt es kein Halten mehr. Diese Zwei holen gemeinsam das Apportierspielzeug aus dem Wasser.

Sie ihn im Stall herumlaufen, wenn Sie Ihr Pferd pflegen, und nehmen Sie ihn zur Koppel mit. Ich empfehle Ihnen auch, anfangs kurze Spaziergänge zu dritt zu unternehmen. Achten Sie aber darauf, dass Sie ihn nur mit ruhigen und ausgeglichenen Pferden zusammenbringen. Sie sollten nicht ausschlagen und beißen, denn sonst ist das Kennenlernen und Vertrauenfassen nur von kurzer Dauer. Wichtig ist auch, dass Ihr Hund gut gehorcht. Erkundigen Sie sich bei Reitvereinen oder Hundeschulen nach Kursen.

Wenn Sie sich mit Ihrem Vierbeiner einem Hundesportverein angeschlossen haben, wird Ihnen dort ein großes Sportprogramm offenstehen.

Begleithundeprüfung

Die Begleithundeprüfung ist ein erweitertes Erziehungsprogramm und macht Ihren Russell Terrier zu einem sicheren Begleiter in der Öffentlichkeit sowie im Straßenverkehr. Die Begleithundeprüfung ist auch Voraussetzung, wenn Sie an Agilitywettbewerben teilnehmen wollen. Zur Prüfung gehören unter anderem Leinenführigkeit, Folgen frei bei Fuß, Ablegen unter Ablenkung und Ablegen in Verbindung mit Herankommen. Zusätzlich werden auch Elemente wie Führigkeit und Verhalten im Straßenverkehr, gegenüber Radfahrern, in Menschenansammlungen und das Verhalten gegenüber Hunden geprüft. Adressen von Vereinen bzw. Schulen, die Kurse und Prüfungen anbieten, erfahren Sie beim VDH (→ Seite 62).

Agility

Agility ist eine Sportart, die in den 1980er-Jahren von England nach Deutschland kam und sich immer größerer Beliebtheit erfreut. Dabei kann Ihr Russell nicht nur seinen Bewegungsdrang

befriedigen, sondern auch seine Geschicklichkeit und Intelligenz beweisen. Ziel dieser Sportart ist, dass Ihr Hund sicher und fehlerfrei durch einen Hindernisparcours läuft. Die Aufgabe von Herrchen oder Frauchen ist, nebenherzulaufen und durch Zeichen oder kurze Befehle die Richtung anzuzeigen. Die Hindernisse sind dabei extra niedrig. Beim Agility ist neben Fitness auch sehr viel Geschicklichkeit gefragt.

Mobility

Sie möchten mit Ihrem Russell »arbeiten«, fühlen sich für Agility aber nicht sportlich genug? Dann könnte Mobility genau das Richtige für Sie sein. Auf Mobility-Veranstaltungen kann man beobachten, dass sich Hundehalter ohne Zeit- und Leistungsdruck zusammenfinden, um mit ihren Vierbeinern einen lockeren und durchaus fröhlichen Wettkampf zu absolvieren. Hierzu gehören Hindernisse genauso wie eine Hundeschaukel oder das Fahren des Hundes in einem Handwagen.

Flyball

Körperlicher Einsatz wird bei dem aus den USA kommenden Flyball vom Hundehalter nicht gefordert, sehr wohl aber vom Hund! Bevor der Ball nämlich aus einer Ballmaschine kommt und in die Luft geht, muss der Hund verschiedene Aufgaben erfüllen. Zunächst gilt es, über Hindernisse zu laufen, um zur Maschine zu gelangen und dann mit der Pfote eine Taste zu betätigen, die den Ball herausschleudert. Das ist leichter gesagt als getan,

Bei fast allen Prüfungen wird gefordert, dass der Hund ohne Leine »bei Fuß« geht. Hier ein perfektes Team, das mit Spaß bei der Sache ist.

Agility ist eine tolle Freizeitbeschäftigung für aktive Terrier und ihre Besitzer. Es hält fit und macht auch noch riesigen Spaß.

Hier ein Terrier beim Agility-Slalom. Dieser Hund ist schon ein Profi und macht alles fehlerfrei. Seine Begeisterung ist ihm formlich von den Augen abzulesen.

doch erlernen können das alle Hunde. Beim Flyball treten meist zwei Mannschaften mit je vier Hunden gegeneinander an. Gewonnen hat, wer am schnellsten war und die wenigsten Fehler gemacht hat.

Turnierhundesport

Diese Sportart wird vom Deutschen Hundesportverband angeboten (→ Seite 62). Eine gute Kondition von Mensch und Hund ist hier eine wichtige Voraussetzung. Es gibt vier Klassen: Der Hindernislauf mit acht Hindernissen über 75 m verläuft meistens geradeaus, Combination-Speed-Cup besteht aus Hürden-, Hindernis- und Slalomlauf. Der Streckenlauf umfasst zwei bzw. fünf Kilometer, und der Vierkampf setzt sich zusammen aus Gehorsam, Hürden-, Hindernis- und Slalomlauf.

Obedience

Die Sportart Obedience kommt aus England und ist auch in den skandinavischen Ländern verbreitet. Sie kurz mit Gehorsamsübungen zu umschreiben,

würde den Kern aber nicht treffen. Vielmehr ist es die Hohe Schule der Unterordnung, welche die ganze Harmonie von Mensch und Hund widerspiegelt. Und dies ohne laute Befehlstöne!

Jagdliche Prüfungen

Alle jagdlichen Aktivitäten sind nur mit einem gültigen Jagdschein möglich! Jagdliche Prüfungen werden in einigen Vereinen angeboten. So gibt es etwa die Bauprüfung und die Junghundeprüfung. Sie geben Auskunft über die jagdlichen Anlagen des Terriers. Weitere Prüfungen sind die Zucht- und Gebrauchsprüfung, sozusagen die Gesellen- bzw. Meisterprüfung. Die Gebrauchsprüfung ist so umfangreich, dass sie über zwei Tage geht. Zusätzlich zu den Prüfungen gibt es auch noch zahlreiche jagdliche Leistungszeichen. Diese werden auf der Jagd vergeben. Hierzu wird der Jäger von einem anerkannten Richter begleitet, der die Leistung des Hundes schriftlich dokumentieren und bezeugen muss.

Urlaub mit dem Hund

Vor Urlaubsreisen, egal ob mit dem Flugzeug oder dem Auto, sollten Sie Ihren Hund an die Transportbox gewöhnen. Im günstigsten Fall kennt Ihr Russell Terrier diese Box schon. Wenn nicht, tauschen Sie am besten einige Wochen vor Reiseantritt das Körbchen Ihres Hundes gegen die Box. Die meisten Hunde akzeptieren sie bald als sicheren Schlafplatz oder Rückzugsort, in dem sie sich geborgen fühlen.

Den Urlaub richtig vorbereiten

› Erkundigen Sie sich bei Ihrem Tierarzt über die Einreiseformalitäten im Urlaubsland. Er informiert

Sie auch zu vorgeschriebenen Impfungen und Gesundheitszeugnissen für Ihr Reiseziel. Für einige Länder benötigen Sie eine Tollwuttiterbestimmung. Bitte erkundigen Sie sich rechtzeitig, für welche Länder dies gilt und wie viel Vorlaufzeit Sie für die Formalitäten benötigen.

› Informieren Sie sich vor der Buchung im Internet oder durch einen Anruf im Hotel oder am Campingplatz, ob Ihr Hund im ausgewählten Quartier willkommen ist. Vergessen Sie nicht, die Buchungsbestätigung für Ihren Hund mitzunehmen!

› Nicht an jedem Strand ist Ihr Vierbeiner willkommen. Beachten Sie unbedingt entsprechende Verbotsschilder und besuchen Sie nur ausgewiesene Hundestrände.

Reiseapotheke und Urlaubsgepäck

Grundsätzlich soll die Reiseapotheke wie die Hausapotheke ausgestattet sein . Für Hundehalter empfiehlt sich auch der Besuch eines Erste-Hilfe-Kurses. Erkundigen Sie sich bereits vor der Abfahrt nach Tierärzten bzw. der nottierärztlichen Versorgung am Urlaubsort.

Das wichtigste Reiseutensil Ihres Hundes ist der EU-Heimtierausweis. Dieser ist zwingend seit Oktober 2004 vorgeschrieben. Zur Identifizierung muss Ihr Hund einen Mikrochip implantiert haben, wahlweise ist bis Juli 2011 auch noch eine gut lesbare Tätowierung anerkannt. Außerdem sollten Sie mitnehmen: Futter- und Wassernapf, gewohntes

Die meisten Russell Terrier sind begeisterte Autofahrer. Aber bitte nur gesichert wie in dieser Hundebox.

Futter, Spielzeug, Decke, Körbchen oder Box. Für einige Länder benötigen Sie zudem einen Maulkorb! Und natürlich Leine und Halsband mit Adressanhänger, auf der Ihre Mobilnummer vermerkt ist.

Reisen mit dem Auto

Füttern Sie Ihren Hund das letzte Mal etwa zehn bis zwölf Stunden vor der Abreise. Auch während der Reise bleibt der Magen besser leer. Nur bei sehr langen Fahrstrecken kann man den Hund zwischendurch füttern. Geben Sie ihm lieber mehrere kleine Portionen als einmal eine große Mahlzeit. Während der ersten Tage am Urlaubsort ist es ebenfalls ratsam, die Ration ein wenig zu reduzieren. Geben Sie ihm nur Futter, das er schon kennt. Nehmen Sie dazu einen Vorrat der gewohnten Hundenahrung von zu Hause mit.

Machen Sie alle zwei Stunden eine kleine Pause. Bieten Sie Ihrem Hund bei dieser Gelegenheit Wasser an, und lassen Sie ihm die Möglichkeit, sich zu lösen. Lassen Sie Ihren Hund nur aus dem eigenen Napf und nur mitgebrachtes Wasser trinken, da an den Tränkestationen der Raststätten Infektionsgefahr herrscht. Ihr Russell Terrier darf bei warmen Temperaturen nie allein im Auto bleiben, auch wenn es im Schatten geparkt ist. Es besteht die Gefahr eines Hitzschlages. Lassen Sie Ihren Hund nie ohne Leine aus dem Auto. Er kennt die Umgebung nicht, ist aufgeregt, will toben und spielen, und schnell hat er sich so weit entfernt, dass er sich und andere in Gefahr bringt.

Reisen mit der Bahn

Auch bei der Reise mit der Bahn gibt es einiges zu bedenken. Für längere Strecken, ab etwa sechs Stunden, ist es empfehlenswert, Umsteigepausen einzuplanen. Meiden Sie die Hauptreisezeiten, da

An diesem Strand sind Hunde erwünscht. Gespannt und neugierig schauen diese zwei jungen Russell Terrier Richtung Meer.

die Züge dann sehr voll sind. Lässt es sich aber nicht vermeiden, ist es ratsam, einen Abteilwagen zu buchen. Dort haben Sie mehr Platz für Ihren Hund. Wichtigste Voraussetzung für die Mitnahme eines Hundes im Zug ist dessen einwandfreies Benehmen. Hier kann Ihnen ein aggressives, aber auch ein freudiges Verhalten des Hundes schnell Probleme bereiten.

Bevor Sie mit Hund und Gepäck zu einer längeren Reise aufbrechen, rate ich Ihnen zu einer kurzen Probefahrt mit Ihrem Hund. Machen Sie vor Antritt der Reise einen langen, intensiven Spaziergang mit Ihrem Hund. Auch hier gilt: Vor der Fahrt sollte die große Mahlzeit ausfallen. Bitte Reisenapf und Wasser für den Hund nicht vergessen!

Über Fahrpreise und Vorschriften für die Mitnahme Ihres Hundes informieren Sie sich am besten am Serviceschalter der Bahn.

Die Inhalte dieses Buches beziehen sich auf die Bestimmungen des deutschen Tier- bzw. Artenschutzes. In anderen Ländern können die Angaben abweichend sein. Erkundigen Sie sich daher im Zweifelsfall bei Ihrem Zoofachhändler oder bei der entsprechenden Behörde.

Verbände/Vereine

› Fédération Cynologique Internationale (FCI), Place Albert 1er, 13, B-6530 Thuin, www.fci.be
› Parson Russell Terrier Club, Deutschland e. V. (PRTCD), Marktstr. 33, 52477 Alsdorf, www.parsonjackrussellterrier-club.de
› Klub für Terrier e. V. (KfT), Schöne Aussicht 9, 65451 Kelsterbach, www.kft-online.de

---

Wichtiger **Hinweis**

› Haltung Die Haltungsregeln dieses Ratgebers beziehen sich auf normal entwickelte Jungtiere aus guter Zucht, also auf gesunde, charakterlich einwandfreie Tiere.

› Versicherung Auch gut erzogene und sorgfältig beaufsichtigte Hunde können Schäden an fremdem Eigentum anrichten oder gar Unfälle verursachen. Der Abschluss einer Hundehaftpflichtversicherung ist in jedem Fall dringend zu empfehlen.

› Allergien Menschen mit Tierhaar-Allergien sollten vor dem Kauf eines Hundes ihren Arzt befragen.

› Verband für das Deutsche Hundewesen e. V. (VDH), Westfalendamm 174, 44141 Dortmund, www.vdh.de
› Österreichischer Kynologenverband (ÖKV), Siegfried-Marcus-Str. 7, A-2362 Biedermannsdorf, www.oekv.at
› Schweizerische Kynologische Gesellschaft (SKG/SCS), Postfach 8276, CH-3001 Bern, www.skg.ch
› Berufsverband der Hunderzieher/innen und Verhaltensberater/innen e. V. (BHV), Eichenweg 2, 65527 Niedernhausen, www.bhv-net.de
› Deutscher Hundesportverband e. V., Gustav-Sybrecht-Str. 42, 44536 Lünen, www.dhv-hundesport.de

Fragen zur Haltung

beantworten Ihr Zoofachhändler und der Zentralverband Zoologischer Fachbetriebe Deutschlands e. V. (ZZV), Tel. 06 11/44 75 53 (nur telefonische Auskunft möglich: Mo 12–16 Uhr, Do 8–12 Uhr), www.zzf.de

Registrierung

› TASSO-Haustierzentralregister e. V., Frankfurter Str. 20, 65784 Hattersheim am Main, Tel. 0 61 90/93 73 00, www.tasso.net
› Internationale Zentrale Tierregistrierung (IFTA), Nördliche Ringstr. 10, 91126 Schwabach, Tel. 0 08 00/43 82 00 00, www.tierregistrierung.de

Bücher

› Feddersen-Petersen, D.: Hundepsychologie. Franckh-Kosmos Verlag, Stuttgart

› Schlegl-Kofler, K.: Hundeschule für jeden Tag. Gräfe und Unzer Verlag, München
› Schmidt-Röger, H.: 300 Fragen zum Hund. Gräfe und Unzer Verlag, München

Zeitschriften

› Der Hund. Deutscher Bauernverlag GmbH, Berlin
› Partner Hund. Gong Verlag, Ismaning
› Das Deutsche Hundemagazin. Gong Verlag, Ismaning
› Unser Rassehund. Herausgegeben vom Verband für das Deutsche Hundewesen e. V., Dortmund
› dogs. Gruner + Jahr, Hamburg

Adressen im Internet

› www.hunde.com (Infos rund um den Hund)
› www.hundeadressen.de (Infos zu Sport, Erziehung und Ausbildung, Züchteradressen)
› www.thmev.de (Tiere helfen Menschen e. V.)
› www.hunde-helfen-kids.de (Hunde helfen Menschen e. V.)
› www.hundezeitung.de (Infos über Hunde)
› www.ferien-mit-hund.de (Infos über den Urlaub mit Hund)
› www.hallohund.de (Infos rund um den Hund)

Haftpflichtversicherung

Fast alle Versicherungen bieten auch Haftpflichtversicherungen für Hunde an.

Freude am Tier

Die neuen Tierratgeber – da steckt mehr drin

ISBN 978-3-8338-1195-1
64 Seiten

ISBN 978-3-8338-0523-3
64 Seiten

ISBN 978-3-7742-8837-9
64 Seiten

Preis je Band: 7,90 €

ISBN 978-3-8338-0595-0
64 Seiten

ISBN 978-3-8338-1197-5
64 Seiten

ISBN 978-3-8338-0184-6
64 Seiten

Änderungen und Irrtum vorbehalten.

Das macht sie so besonders:

Praxiswissen kompakt – vermittelt von GU-Tierexperten

Praktische Klappen – alle Infos auf einen Blick

Die 10 GU-Erfolgstipps – so fühlt sich Ihr Tier wohl

Willkommen im Leben.

Unsere Garantie

Alle Informationen in diesem Ratgeber sind sorgfältig und gewissenhaft geprüft. Sollte dennoch einmal ein Fehler enthalten sein, schicken Sie uns das Buch mit dem entsprechenden Hinweis an unseren Leserservice zurück. Wir tauschen Ihnen den GU-Ratgeber gegen einen anderen zum gleichen oder ähnlichen Thema um.

Liebe Leserin und lieber Leser,

wir freuen uns, dass Sie sich für ein GU-Buch entschieden haben. Mit Ihrem Kauf setzen Sie auf die Qualität, Kompetenz und Aktualität unserer Ratgeber. Dafür sagen wir Danke! Wir wollen als führender Ratgeberverlag noch besser werden. Daher ist uns Ihre Meinung wichtig. Bitte senden Sie uns Ihre Anregungen, Ihre Kritik oder Ihr Lob zu unseren Büchern. Haben Sie Fragen oder benötigen Sie weiteren Rat zum Thema? Wir freuen uns auf Ihre Nachricht!

Wir sind für Sie da!
Montag – Donnerstag: 8.00 – 18.00 Uhr;
Freitag: 8.00 – 16.00 Uhr *(0,14 €/Min. aus dem dt. Festnetz/
Tel.: 0180 - 5 00 50 54* Mobilfunkpreise
Fax: 0180 - 5 01 20 54* können abweichen.)
E-Mail:
leserservice@graefe-und-unzer.de

P.S.: Wollen Sie noch mehr Aktuelles von GU wissen, dann abonnieren Sie doch unseren kostenlosen GU-Online-Newsletter und/oder unsere kostenlosen Kundenmagazine.

GRÄFE UND UNZER VERLAG
Leserservice
Postfach 86 03 13
81630 München

© 2009
GRÄFE UND UNZER VERLAG GmbH, München
Alle Rechte vorbehalten. Nachdruck, auch auszugsweise, sowie Verbreitung durch Film, Funk, Fernsehen und Internet, durch fotomechanische Wiedergabe, Tonträger und Datenverarbeitungssysteme jeglicher Art nur mit schriftlicher Genehmigung des Verlages.

Programmleitung: Christof Klocker
Leitende Redaktion: Anita Zellner
Redaktion: Luise Heine
Lektorat: Simone Steger
Bildredaktion: Petra Ender, Alexandra Dimitrijevic (Cover)
Umschlaggestaltung und Layout: independent Medien-Design, München
Herstellung: Claudia Labahn
Satz: h3a GmbH, München
Reproduktion: Longo AG, Bozen
Druck: Firmengruppe APPL, aprinta druck, Wemding
Bindung: Firmengruppe APPL, sellier druck, Freising

Printed in Germany

ISBN 978-3-8338-1201-9

1. Auflage 2009

GRÄFE
UND
UNZER

Ein Unternehmen der
GANSKE VERLAGSGRUPPE

Die Autorin

Karin Wegner hält seit über 25 Jahren Hunde und züchtet seit 15 Jahren Parson Russell Terrier. Als Hauptzuchtwartin betreute sie einige Jahre das Zuchtgeschehen des Parson Russell Terrier Clubs Deutschland (PRTCD e. V.). Nebenbei führt sie seit 2005 die Geschäftsstelle Nord im Verband für das Deutsche Hundewesen.

Der Fotograf

Dr. Jochen Becker ist von Beruf Tierarzt. Darüber hinaus arbeitet er als Fotograf und Bildjournalist für renommierte Verlage und Zeitschriften im Bereich der Tierfotografie. Seit vielen Jahren hält er eigene Seminare zum Thema Hunde- und Pferdefotografie. Mehr über seine Arbeit erfahren Sie unter www.jbtierfoto.de.

Bildnachweis

Alle Bilder in diesem Buch stammen von Jochen Becker mit Ausnahme von: **Regina Kuhn:** 12-1, 32, 34; **Ulrike Schanz:** 52-1, 52-2; **Sigrid Starick:** U1; **Christine Steimer:** 17-2, 23-5, 36.